JN041441

つまずきを
なくす 小3〔改訂版〕

算数文章題

【 テープ図と線分図・□を使った式・棒グラフ 】

西村則康

実務教育出版

はじめに

「うちの子、計算はできるんですけど、文章題になるとからっきしダメで……。どうしたらいいんでしょうか?」

　このようなご相談をたくさんいただいています。本書初版は、そのようなご相談への返答のつもりで作り上げました。おかげさまで、多くの小学生に使っていただいているようで、すべての学年で版を重ねています。

　そして、このたび学習指導要領改訂に合わせて改訂版を刊行することになりました。

　小学3年生は、算数が得意になる素地ができあがる学年です。数えることでなんとか答えることができたこれまでと違い、数え切れない大きな数になったり、小さな数になったりします。見たり触ったりできる数から、イメージでとらえる数に変化していきます。

　数の操作 {同じものをたくさん集める(かけ算)、同じものにたくさん切り分ける(わり算)、重なりや空きをとらえる(たし算やひき算)} において、小学2年生までに習った方法が、見たり触ったりできない数の場合でも同じように利用できることを、文章題を通じて理解していきます。「1t(トン)の重さって、1gのおもりをものすごくたくさん集めないといけないんだ」というようなイメージを養っていくことになります。

　数のイメージや操作のイメージを持つためには、次の2点が大切です。
① その数や操作を表している図を、説明の文章を読みながら数多く見ること
② 必要な図を何度も書いてみること

　算数の文章題において「わかっている状態」とは、言葉の意味だけではなくて、まとめたり、切り分けたりという動作をともなうはっきりとしたイメージをもてている状態です。同じ種類の問題を、やみくもにくり返し解くだけでは、そのイメージは育たないのです。

　小学3年生以降、「うちの子、少しでも文章を変えられると解けないんです」というご相談が急増します。その原因の多くは、乱暴なくり返し学習によるパターン暗記です。これは、算数が苦手になる素地を作ってしまうことになりますから、ご注意ください。

　本書は、算数の文章題を得意になってもらうために、次の3つのことに留意しました。

① 文章題を解く際に必要な、計算のやりかたの説明にもページを割きました。筆算や計算の工夫がそれにあたります。

② 図を多く入れて、「まとめる」「切り分ける」などのイメージを理解しやすくしました。

③ 必要な問題ごとに、「式」の欄を設けました。

　本書を使うことで、ひとりでも多くのお子さんが文章問題を大好きになってくれることを、心から祈っています。

おうちの方へのお願い

　文章題を学習するときには、子どもの気持ちが安定していることが大切です。そして、子どもの心に、「この問題は僕に（私に）解けそう」という、ちょっとした成功の予感が芽生えれば、より積極的に問題に取り組めるようになります。

　子どもが、積極的に問題に取り組めるように、声かけの工夫をお願いします。「あなたは、ちゃんとできるる子だと信じているよ」というメッセージを伝えてほしいのです。

「ちゃんと読まないから解けないのよ。ちゃんと読みなさい！」
「こんなことがなぜできないの。しっかり考えなさい！」
　このような、叱責を含んだ激励は厳禁です。

　そうではなくて、
「焦らずに、音読から始めてみれば。あなただったら大丈夫よ」
「まちがい、惜しかったね。考え方は合っていたのにね」
　このような、ねぎらいや励ましの声かけをお願いします。また、正解できた問題について、
「解けたのね、さすが！　どのように考えたのかお母さんに教えてくれる？（"説明しなさい"という詰問口調はよくありません)」というように、お子さんが説明する機会を作ることで、理解はより深まります。

2020 年 9 月　西村則康

　小学3年生のお子さんが「文章題が苦手」になってしまうケースには、主に右の3つの原因があります。どれか1つの原因によって苦手になることもあれば、いくつかの原因が重なっていることもあります。

　計算が苦手なために文章題も苦手になっているお子さんについて

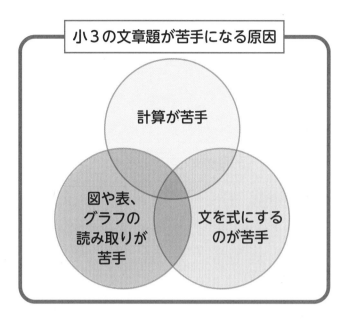

小3の文章題が苦手になる原因

計算が苦手

図や表、グラフの読み取りが苦手

文を式にするのが苦手

は、「つまずきをなくす算数」シリーズの『つまずきをなくす 小3 算数計算』（実務教育出版）を用いて、まずは計算力を確実にしていくことをおすすめいたします。
「計算はできるんだけれど……」というお子さんは、本書を通じて「図や表、グラフの読み取りが苦手」「文を式にするのが苦手」を克服してください。

　本書の各単元は、「つまずきをなくす説明（例題＋たしかめよう）」「練習しよう」「チャレンジしてみよう」の3部構成となっていますが、どのページも直接本書に書き込むことができますので、ノートや計算用紙の準備とスペースを必要としません。

　考えることや覚えることだけに集中することが可能な教材ですので、もし、まちがえた場合でも、「式を立てまちがえた」「計算をまちがえた」といった、まちがいの原因がすぐにわかります。

　まちがえた原因を、お子さん自身の力で発見できるようになれば、力がついてきている証ですから、ご指導にあたられては、「惜しかったね。まちがえた原因が、式なのか、計算なのか、見つけられるかな？」のように、声をかけてお子さんを励ましながら、苦手克服にお導きいただければと思います。

　本書の各単元は前述のように、「つまずきをなくす説明（例題＋たしかめ

よう）」「練習しよう」「チャレンジしてみよう」の**3**部構成となっています。
標準的な使い方は以下のとおりです。

✿ つまずきをなくす説明…例題には、図や表、グラフ、そこから導か

れる式がすべて書き込まれています。図や表、グラフを読み取るのが苦
手というお子さんは、まずは例題を「なぞるように」読み、式ができる
過程を理解できているかどうか、確認しましょう。まったく問題がない
場合は、すぐに「練習しよう」に移っても **OK** ですが、「少し自信がない」
「かなり不安」という場合は、例題のすぐ下にある「たしかめよう」を利
用して、「真似る」ことからはじめてみてください。「たしかめよう」は、
「真似る」ことに集中できるよう、あらかじめ式の一部が印刷してありま
す。問題の難しさによっては数値も薄い色で印刷してありますので、「解
き方を理解する」「ヒントの意味を考える」ことに集中することができま
す。

　また、この単元での学習テーマに不安がまったくない場合は、次の「練
習しよう」から取りかかり、まちがいがあった場合だけ、「つまずきをな
くす説明」の「たしかめよう」にもどるというすすめ方でよいでしょう。

✿ 練習しよう…「つまずきをなくす説明」がきちんと理解できたかどう

かを確認するページです。「文を式にするのが苦手」というお子さんの場
合は、「練習しよう」から取り組み、正解できればその単元は大丈夫、不
正解であればやや苦手な可能性がありますので、その単元だけ「つまず
きをなくす説明」にもどるという使い方もあります。

　問題のレベルは原則として、「つまずきをなくす説明」の理解度が確認
できるものですが、例題よりも少し難しめの問題やヒントとなる絵がな
い問題、単元によっては応用となる問題も一部あります。

　しかし、内容面では「つまずきをなくす説明」にそったものですので、
もし「練習」をまちがえるようであれば、「つまずきをなくす説明」の例
題に立ち返るようにご指導ください。

✽チャレンジしてみよう…挑戦問題を2問、ご用意しました。名前のとおりレベルが高めの問題ですので、「この単元は得意！」といえるようになったとき、学習時間などに余裕があるとき、挑戦してみたいなと思ったときなどに、取り組んでみてください。

　難しい問題もありますので、もし正解できなくてもくよくよすることはありませんが、せっかく挑戦したのですから、解説だけはしっかりと読むようにしましょう。解説を読んでその意味がわかれば、2、3日あいだをおいて再挑戦してみるのもOKです。

本書では14のテーマとまとめ問題の15単元によって構成されています。
1〜14単元の学習テーマと達成目標は、以下の表のとおりです。

	学習テーマ	達成目標
1	たし算・ひき算の文章題	テープ図の利用をとおして、たし算の問題とひき算の問題の区別ができる
2	かけ算の文章題	19までの2けたの数×1けたの数の文章題ができる
3	「時計」・「地図」の文章題	0分（正時）をはさんだ時間の計算ができる　距離と道のりのちがいを理解する
4	わり算の文章題①	わり切れる計算の文章題ができる
5	わり算の文章題②	くり上げるあまり、くり上げないあまりのちがいを区別できる
6	「重なり」の文章題	重なりを2通りの考え方で理解できる
7	「□倍」を使う文章題	かけ算の問題とわり算の問題の区別ができる
8	小数の文章題	小数のたし算、ひき算の文章題ができる
9	線分図の文章題	問題文をテープ図や線分図に表すことができる
10	重さの文章題	重さの単位の関係が理解できる
11	分数の文章題	分数のたし算、ひき算の文章題ができる
12	□を使った式の文章題	文をテープ図や線分図に表して、□を求めることができる
13	ぼうグラフ・表の文章題	資料を表やグラフに直すことができる　グラフを読み取ることができる
14	「植木算」の文章題	3パターンの植木算ができる

次の「つまずきをなくす学習のポイント」を参考に取り組み、目標を達成しましょう。

つまずきをなくす学習のポイント

1. たし算・ひき算の文章題

　問題文を絵で表すことから、テープ図に表すことができるようになると、スピーディかつ正確に、たし算とひき算の区別がつけられるようになります。文を図に描き表す力が不十分ですと、かけ算やわり算の文章題、長文の文章題でつまずきやすくなります。

2. かけ算の文章題

　「分配のきまり」の第一歩ともなる、重要な単元です。「12 × 4」のような計算を、「10 円玉 4 つ、1 円玉 2 つのまとまりが 4 組」などの例にあてはめることで、2 けたの数× 1 けたの数や 1 けたの数× 2 けたの数の文章題の立式と計算の理解を深めます。

3.「時計」・「地図」の文章題

　「時刻」「時間」、「距離」「道のり」の定義を覚えるほか、3 時 50 分から 4 時 5 分のように、0 分（正時）をはさむ時間の計算を、数直線を利用して理解します。0 分をはさむ計算の理解が不十分ですと、12 時制と 24 時制の問題でつまずきやすくなります。

4. わり算の文章題①

　文章題をとおして、「同じ数ずつに分ける（例：30 個を 6 個ずつに分ける）」ことと「いくつかに分ける（例：30 個を 5 人で分ける）」の 2 つの意味について理解します。この単元の理解が不足すると、「11. 分数の文章題」でつまずきやすくなります。

5. わり算の文章題②

　あまりが出る問題、さらに、あまりが出たときに商を 1 くり上げる問題とくり上げない問題について学びます。くり上げるかくり上げないかは、商の単位、あまりの単位に気をつけるとまちがいを防ぐことができます。

6.「重なり」の文章題

　前半の「ものさしを利用する問題」の理解が重要です。この問題をとおして、重なりがある場合の 2 つの計算方法を身につけます。

7.「□倍」を使う文章題

　標題だけを見るとかけ算の問題に見えますが、「□倍ですか」のようにわ

り算の問題も含まれます。ヒントの図や絵を参考に、かけ算の問題とわり算の問題の違いを理解するようにします。

8. 小数の文章題

　文章題をとおして、小数の計算方法を確実にすることがねらいの単元です。数直線を自分だけの力で描けるようになれば、理解は十分です。

9. 線分図の文章題

　文を読み、条件を前から順にテープ図や線分図に表します。この単元の理解が十分でない場合、「12. □ を使った式の文章題」でつまずきやすくなります。

10. 重さの文章題

　台ばかりの読み取りと g、kg、t の 3 種類の単位の関係を理解することが目的です。ふだん使うことの少ない「t（トン）」を忘れないようにしましょう。

11. 分数の文章題

　文章題をとおして分数の計算方法を確実にすることがねらいの単元です。「8. 小数の文章題」と同様に、数直線を自分だけの力で描けるようになりましょう。

12. □ を使った式の文章題

　「7.「□ 倍」を使う文章題」「9. 線分図の文章題」での学習の定着度が問われる単元です。うまく進めることができない場合は、「7.「□ 倍」を使う文章題」「9. 線分図の文章題」にもどって振り返りに取り組みましょう。

13. ぼうグラフ・表の文章題

　棒グラフは 1 目盛り、1 目盛りの半分が表す量を求められるようになることが大切です。また、表の学習では、「縦と横の見方」ができないと、表を正しく読むことができません。「読み取り」が不正確ですと、表の中の空欄を埋める問題でつまずきやすくなります。

14. 「植木算」の文章題

　ヒントの絵を参考にして、「木の数」と「木と木の間の数」の関係を理解するようにします。絵の理解が不十分なまま公式として覚えようとすると、学んでからしばらくしたときに、正しく思い出せなくなる危険性があります。

つまずきをなくす
小3
算数　文章題
【改訂版】

も　く　じ

たし算・ひき算の文章題

答えは、別冊②ページ

つまずきをなくす説明

例題 1 赤えん筆が12本、青えん筆が5本あります。えん筆は合わせて何本ありますか。

ポイント 「合わせて」の考え方

赤えん筆の本数と青えん筆の本数を右の図のように「合わせ＝たし」ます。

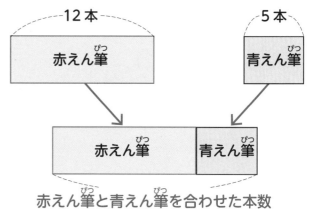

赤えん筆と青えん筆を合わせた本数

【式】

$$12 + 5 = 17$$

答え： 17本

たしかめよう ① 次の問題を読んで、□ にあてはまる数や言葉を、〇 に＋や－を書き、答えももとめましょう。

「赤い色紙が8まい、青い色紙が14まいあります。色紙は合わせて何まいありますか。」

【式】

□ 〇 □ ＝ □

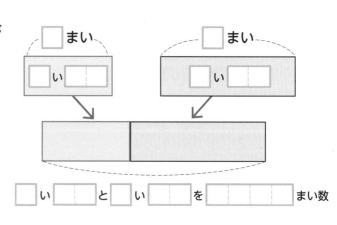

□ い □ と い □ を □ まい数

「合わせて」は、「たす」と同じ意味です。

答え： まい

赤えん筆が412本、青えん筆が563本あります。えん筆は合わせて何本ありますか。

> **ポイント** 大きい数を合わせる計算

数が大きくなっても、「合わせる」問題は「たし算」です。

【式】

$$412 + 563 = 975$$

$$
\begin{array}{r}
4\,1\,2 \\
+\,5\,6\,3 \\
\hline
9\,7\,5
\end{array}
$$

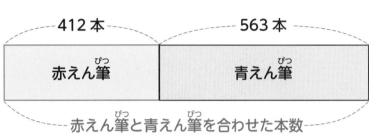

赤えん筆と青えん筆を合わせた本数

412本	563本
赤えん筆	青えん筆

答え： **975** 本

> **たしかめよう 2** 次の問題を、筆算も利用して、答えをもとめましょう。

「赤い色紙が358まい、青い色紙が604まいあります。色紙は合わせて何まいありますか。」

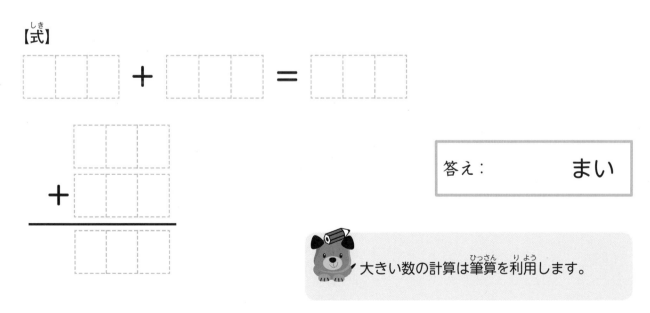

【式】

☐☐☐ ＋ ☐☐☐ ＝ ☐☐☐☐

$$
\begin{array}{r}
\square\,\square\,\square \\
+\,\square\,\square\,\square \\
\hline
\square\,\square\,\square\,\square
\end{array}
$$

答え： まい

大きい数の計算は筆算を利用します。

例題3 赤えん筆が12本、青えん筆が5本あります。赤えん筆は青えん筆よりも何本多いですか。

ポイント 「よりも〜多い(少ない)」の考え方

赤えん筆の本数と青えん筆の本数を下の図のようにたてにならべてちがいをくらべます。

【式】

$$12 - 5 = 7$$

答え： **7** 本

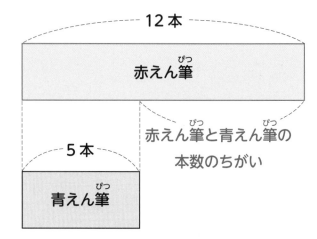

12本

赤えん筆

赤えん筆と青えん筆の
本数のちがい

5本

青えん筆

たしかめよう3 次の問題を読んで、□にあてはまる数や言葉を、○に＋や−を書き、答えももとめましょう。

「赤い色紙が8まい、青い色紙が14まいあります。赤い色紙は青い色紙よりも何まい少ないですか。」

【式】

□ ○ □ = □

答え： まい

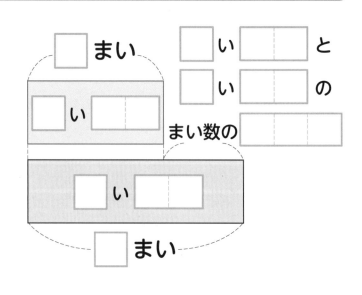

□ まい

□ い □ と
□ い □ の
まい数の □

□ い □

□ まい

「〜よりも多い(少ない)」は、「ひく」と同じ意味です。

例題 4 赤えん筆が412本、青えん筆が563本あります。赤えん筆は青えん筆よりも何本少ないですか。

ポイント 大きい数のちがいをくらべる計算

数が大きくなっても、「ちがいをくらべる」問題は「ひき算」です。

【式】

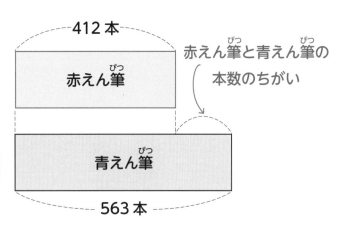

412本

赤えん筆

赤えん筆と青えん筆の本数のちがい

青えん筆

563本

$$563 - 412 = 151$$

```
  5 6 3
- 4 1 2
───────
  1 5 1
```

答え： **151本**

たしかめよう 4 次の問題を、筆算も利用して、答えをもとめましょう。

「赤い色紙が358まい、青い色紙が604まいあります。赤い色紙は青い色紙よりも何まい少ないですか。」

【式】

□□□ － □□□ = □□□

```
  □ □ □
-   □ □
───────
    □ □
```

答え： 　　まい

ひき算は「大きい数 － 小さい数」で計算します。

答えは、別冊②、③ページ

練習 1 次の文について、その内ようを色のついた部分が正しく表している図と、線でむすびましょう。

メダカ600ぴきと キンギョ300ぴきを 合わせた数	●
リンゴ600ことナシ300このこ数のちがい	●

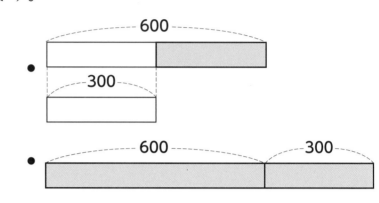

練習 2 下の図の □ にあてはまる数をもとめましょう。

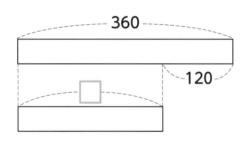

【式と計算】

答え：

練習 3 音楽ホールに、男子が421人、女子が398人います。この音楽ホールにいる人は合わせて何人ですか。

【式と計算】

答え：

練習4 遊園地に男の人が 1281 人、女の人が 1829 人います。全部で何人の人がいますか。

【式と計算】

答え:

練習5 1こが 672 円のなん式野球ボールと 1こが 375 円のなん式テニスボールがあります。なん式野球ボールはなん式テニスボールよりも何円高いですか。

【式と計算】

答え:

練習6 赤色と青色の色紙が合わせて 2508 まいあります。そのうち、赤色の色紙は 1834 まいです。青色の色紙は何まいありますか。

【式と計算】

答え:

チャレンジして みよう

小3① たし算・ひき算の文章題

答えは、別冊③ページ

問題1 おにが島に赤おにが 159 人、青おにが 267 人、白おにが 342 人います。おには全部で何人いますか。

【式と計算】

答え:

問題2 本屋さんで、兄は 450 円の本を買い、弟は兄よりも 60 円安い本を買いました。2 人の本代を 1000 円さつ 1 まいではらうと、おつりは何円ですか。

【式と計算】

答え:

かけ算の文章題

答えは、別冊③ページ

つまずきをなくす説明

例題1

右の図のように1円玉を3まいずつ10列にならべました。合計金がくをもとめる式を作り、答えももとめましょう。

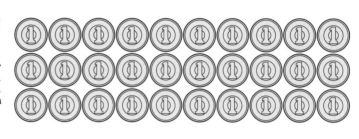

ポイント 「□×10」の考え方

かけ算は、「かけられる数」と「かける数」を入れかえて計算しても、同じ答えになります。

考え方と式

$$3 \times 10 = 10 \times 3 = 10 + 10 + 10 = 30$$

答え: **30** 円

たしかめよう1

右の図のように1円玉を4まいずつ10列にならべました。合計金がくをもとめる式を作り、答えももとめましょう。

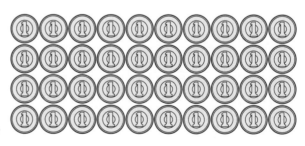

【式】

$$4 \times 10 = \boxed{} \times \boxed{} = \boxed{}$$

答え: 　　　円

かけられる数とかける数を入れかえても答えは同じです。　ア × イ ＝ イ × ア

例題2 右の図のように1円玉を3まいずつ14列にならべました。合計金がくをもとめる式を作り、答えももとめましょう。

ポイント 「□×10より大きい数」の考え方

「かける数」を「10とのこりの数」に分けてかけ算をし、その答えをたします。

考え方と式 $3 \times 14 \begin{cases} 3 \times 10 = 30 \\ 3 \times 4 = \underline{12} (+ \\ \phantom{3 \times 4 = }42 \end{cases}$

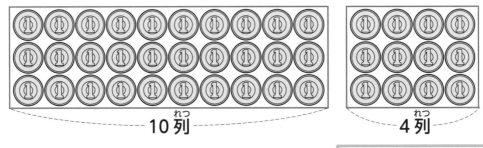

10列　　　4列

答え：　**42**円

たしかめよう2 次の □ にあてはまる数を書いて、4×12を計算しましょう。

$4 \times 12 \begin{cases} 4 \times 10 = \boxed{} \\ 4 \times \boxed{} = \boxed{} (+ \\ \phantom{4 \times \boxed{0} = }\boxed{} \end{cases}$

10より大きいかける数は、10とのこりの数に分けます。

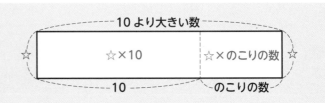

例題3 下の表は、太郎さんのクラスと花子さんのクラスで先週1週間にかし出された学級文庫のさつ数とかりた児童の人数です。太郎さんのクラスでは、全部で何さつの本がかし出されましたか。

さつ数（さつ）	0	1	2	3	4	5
太郎さんのクラス（人）	8	7	4	6	2	0
花子さんのクラス（人）	4	10	8	5	3	0

ポイント 「0×□」「□×0」の考え方

「かけられる数」や「かける数」が0のかけ算の答えは0です。

【式】

$0 \times 8 = 0$
$1 \times 7 = 7$
$2 \times 4 = 8$
$3 \times 6 = 18$
$4 \times 2 = 8$
$5 \times 0 = 0$
$0 + 7 + 8 + 18 + 8 + 0 = 41$

「さつ数」×「かりた人数」＝「かし出されたさつ数」です。

答え： **41** さつ

たしかめよう3 上の表で、花子さんのクラスでかし出された本は全部で何さつでしたか。

【式】

$0 \times 4 = \boxed{}$

$1 \times 10 = \boxed{}$

（つづきの式も書いてみましょう）

答え： さつ

 「$0 \times ☆ = 0$」「$☆ \times 0 = 0$」「$0 \times 0 = 0$」です。

練習 1 次の文を読んで、答えをもとめる正しい考え方を、ア～ウから１つえらんで記号で答えましょう。

「6人の子どもたちにキャラメルを12こずつ配ります。キャラメルは全部で何こひつようですか。」

ア　12は10と2に分けられるので、
　　10×6＝0　2×6＝12　0＋12＝12（こ）

イ　12は10と2に分けられるので、
　　10×6＝60　2×6＝12　60×12＝720（こ）

ウ　12は10と2に分けられるので、
　　10×6＝60　2×6＝12　60＋12＝72（こ）

答え：

練習 2 下の図で、◯は全部で何こありますか。

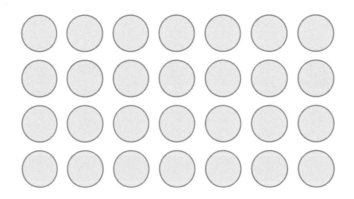

【式と計算】

答え：

練習3 1箱10こ入りのアメを4箱買いました。アメは全部で何こですか。

【式と計算】

答え：

練習4 クッキーが8まいずつ入ったふくろが10こあります。クッキーは全部で何まいありますか。

【式と計算】

答え：

練習5 おまんじゅう10こ入りの箱が2つと、おまんじゅう8こ入りの箱が3つあります。おまんじゅうは全部で何こありますか。

【式と計算】

答え：

練習6 下の表は、わ投げの点数とその
点数を取った回数をまとめたものです。とく
点は全部で何点ですか。

点数（点）	0	1	2	5	10
回数（回）	2	3	1	4	0

【式と計算】

答え：

練習7 右の図で、つみ木は全部で
何こありますか。

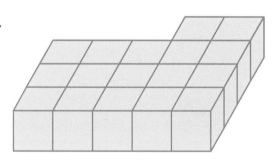

【式と計算】

答え：

小3② かけ算の文章題

答えは、別冊④ページ

問題 1 第 1 グラウンドに 1 チームの人数が 15 人の野球チームが 8 つ、第 2 グラウンドに 1 チームの人数が 18 人の野球チームが 6 つ集まりました。集まった人数は、どちらのグラウンドが何人多いですか。

【式と計算】

答え:

問題 2 太郎さんと花子さんのクラスがいっしょになってはん分けをしました。男子 3 人と女子 2 人で 1 つのはんを作るとはんが 12 でき、それ以外に女子が 5 人だけのはんが 1 つできました。太郎さんのクラスと花子さんのクラスの人数は合わせて何人ですか。

【式と計算】

答え:

「時計」・「地図」の文章題

答えは、別冊⑤ページ

つまずきをなくす説明

例題1 右の図は太郎さんが家を出たとき

と、少しして帰ってきたときの時計の様子です。

次の問いに答えましょう。

家を出たとき　　家に帰ってきたとき

（1）太郎さんが家を出た**時こく**は何時何分ですか。

（2）太郎さんが外に出ていた**時間**は何分ですか。

ポイント 「時こく」と「時間」の意味

9時0分や9時30分など時計が指ししめす時を「時こく」といい、5分や

30分のようにある時こくからある時こくまでの時の長さを「時間」といいます。

考え方

（1）短針が時計の文字ばんの「9」を指してい

るので「9時」、長針が時計の文字ばんの

「12」を指しているので「0分」です。

答え：　**9時0分**

（2）9時0分から9時30分までです。

答え：　**30分**

たしかめよう① 下の図の時計について、次の問いに答えましょう。

（1）左側の時計が指す時こくは何時何分ですか。

（2）左の時計が指す時こくから、右の時計が

指す時こくまでの時間は何分ですか。

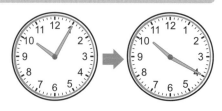

（1）　10 時　5 分　　（2）10時5分から10時20分までです。　15 分

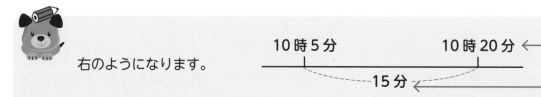

右のようになります。

10時5分　　　　10時20分 ← 時こく

15分 ← 時間

例題2 花子さんは午前 7 時 55 分に家から歩いて駅に向かいました。駅には午前 8 時 10 分に着きました。花子さんの家から駅まで何分かかりましたか。

ポイント 0 分(正時)をはさんだ時間のもとめ方

0 分(正時)をはさんだ時間は、0 分までの時間と 0 分からの時間をたします。

考え方と式

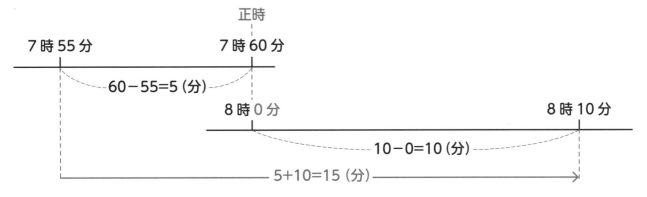

$$5 + 10 = 15$$

答え： **15 分**

たしかめよう② 葉子さんは、午後 6 時 45 分から午後 7 時 30 分まで学校の宿題をしました。葉子さんが学校の宿題をしていた時間は何分ですか。

【式】

答え： 分

午後 7 時 0 分を午後 6 時 60 分として考えると、計算がしやすいです。

午後 6 時 45 分　　午後 6 時 60 分

午後 7 時 0 分　　　　　　午後 7 時 30 分

例題3 右の絵地図について、
次の問いに答えましょう。

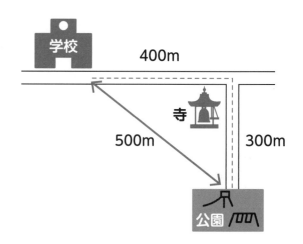

（1）学校からお寺のある角を曲がって
　　公園に行く道のりは何mですか。

（2）学校から公園までのきょりは何m
　　ですか。

ポイント　「道のり」と「きょり」の意味

「道のり」は、道にそってはかった長さのことです。

「きょり」は、道のあるなしに関係なく、まっすぐにはかった長さです。

（1）400 + 300 = 700

答え：**700**m

（2）

答え：**500**m

たしかめよう❸　下の絵地図を見て、家からスーパーまでの、道のりときょりを答えましょう。

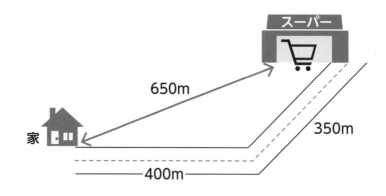

答え：道のり　　　m、きょり　　　m

「きょり」は「もっとも短い長さ」のことです。

答えは、別冊⑤ページ

練習 1 下の時計は何時何分を指ししめしていますか。

答え：

練習 2 練習1 の時こくから、30分後の時こくは何時何分ですか。

下の図の □ にあてはまる数を書いて、答えももとめましょう。

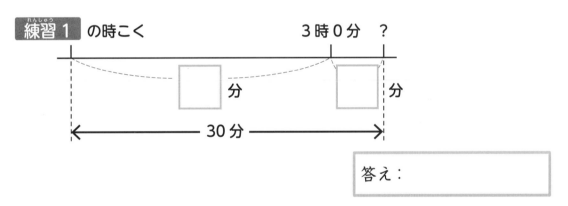

練習1 の時こく　　　　　　　　3時0分　？

□ 分　　　　　□ 分

30分

答え：

練習 3 次のストップウォッチは何秒を表していますか。

（1）

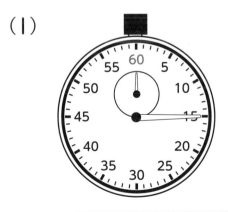

答え：

（2）

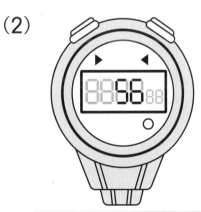

答え：

練習 4 太郎さんは、午前 10 時 15 分に駅で二郎さんと待ち合わせることにしました。太郎さんの家から駅までは 25 分かかります。太郎さんは午前何時何分に家を出発すると、やくそくの時こくに駅に着くことができますか。

【式と計算】

答え：

練習 5 右の絵地図で、家から公園までのきょりは何 m ですか。

答え：

練習 6 練習 5 の絵地図で、家から学校のある角を通って公園に行く道のりは、家からスーパーのある角を通って公園に行く道のりより、何 m 短いですか。

【式と計算】

答え：

答えは、別冊⑥ページ

問題 1 花子さんは、午後5時30分から学校の宿題をします。算数を20分、国語を25分、理科を15分、社会を20分する計画で、科目と科目の間に5分30秒の休けいをします。計画通りにすると、宿題が終わる時こくは、午後何時何分何秒ですか。

【式と計算】

答え：

問題 2 次郎さんは、右の絵地図の左下にある公園から右上にある公園まで、とちゅうにあるすべてのおたからを拾いながら、道にそって進みます。もっとも短い道のりで進むと、道のりは何km何mになりますか。

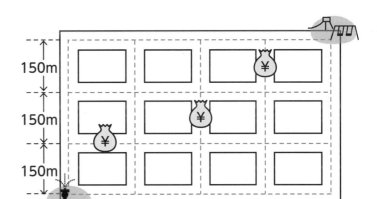

【式と計算】

答え：

「角之進さんを助けてあげよう１」〜虫食い算〜

角之進：はぁ……。

実　丸：角之進さん、どうしたの？

角之進：おぉ、これは実丸くんじゃないか。ちょうどよいところで出会った。実は、たし算ができなくてこまっておるのだ。

実　丸：たし算？　そんなの、子どもにだってできると思うけど……。何か理由があるの？

角之進：そうなんじゃ。先日、とののおく方様より言いつかって買い物に行ったのじゃが、命ぜられた品物を２つ買いもとめたところ、なんと38両もしてのぉ。

実　丸：38両?!　スゴイ金がくだね。

角之進：あまりの高さにビックリしてしまい、りょうしゅう書（注：レシートのこと）を落としてしまったのじゃ。

実　丸：落としてしまって、どうなったの？

角之進：かん定方（注：お金をかん理する役目）より、何がいくらしたかをほうこくせよとのおしかりを受けてしもうて……。

　角之進さんたちがくらしていた江戸時代のはじめのころは、１両のかちを今のお金に直すと、およそ10万円だったそうです（日本銀行金融研究所貨幣博物館「お金の豆知識」より）から、38両はおよそ380万円にあたります。角之進さんがおどろくのも、むりありませんね。

実　丸：でも、そのことと、たし算ができないこととは、いったいどういう関係があるの？

角之進：お〜、そうであった。実は、２つの品物はどちらも10両とあと何両かだったことはおぼえておったので、合わせて38両になるようなたし算を考えておったのじゃ。

実　丸：そういうことだったの。その紙をちょっと見てもいい？

角之進：もちろんかまわないとも。

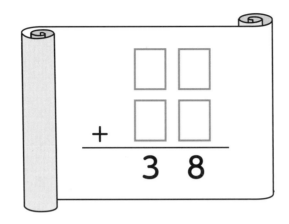

実　丸：はっハーン。なるほどね。
角之進：実丸くん、何かよい考えでもうかびなされたか？
実　丸：じゃあ、角之進さんにヒントをあげるね。
角之進：ヒント？
実　丸：角之進さんは、こんな計算はできる？

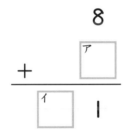

角之進：どれどれ……。これはかんたんじゃの。8とアをたしたときの一の位の数
　　　　が1になるのでアが3、それを計算するのでイは1でござろう。
実　丸：大正かい！　じゃ、もう1問。これは、どう？

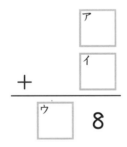

角之進：う～ん……、そうか！　アとイはどちらも9以下の数じゃから、どんな数で
　　　　あったとしても、ウはかならず1じゃ。ということは……。お～、品物の代
　　　　金がわかり申したぞ！　すぐにごほうこくにもどらねば。これにて、ごめん。

　　本当に角之進さんは2つの品物の代金がわかったのでしょうか？

答えは125ページ。

わり算の文章題 ①

答えは、別冊⑥ページ

つまずきをなくす説明

例題 1 アメが 12 こあります。太郎さん、次郎さん、花子さん、葉子さんの 4 人が同じ数ずつ分け合います。1 人分は何こになりますか。

ポイント 「1 人分の数」の考え方

わり算は、「九九」を利用して、答えをもとめる計算方ほうです。

考え方

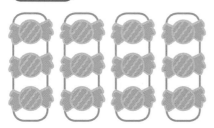

太郎さん　次郎さん　花子さん　葉子さん

式は、12 ÷ 4 で、その答えは、

□ × 4 = 12 の □ にあてはまる数です。

九九の「4 のだん」で答えが 12 になるのは、

3 × 4 = 12 です。

【式】

12 ÷ 4 = 3

答え： **3** こ

たしかめよう① たからぶくろが 15 こあります。5 人が同じ数ずつ分けます。1 人分は何こになりますか。□ にあてはまる数を書き、答えももとめましょう。

考え方と式

「5 人で分ける」ので、わり算の答えは、「□ のだん」で答えが 15 になる九九からもとめられます。

|15| ÷ |5| = □

答え： こ

□ 人に分けるときは、九九の「□ のだん」を利用します。

例題2 アメが12こあります。1人に3こずつ分けると、何人に分けられますか。

ポイント 「何人に分けられるか」の考え方

「1人分の数」と同じように、「九九」を利用して、わり算でもとめます。

考え方

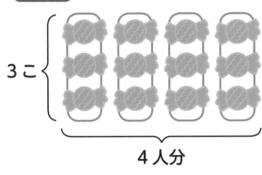

3こ

4人分

式は、12 ÷ 3 で、その答えは、□ × 3 = 12 の □ にあてはまる数です。九九の「3のだん」で答えが12になるのは、4 × 3 = 12です。

【式】 12 ÷ 3 = 4

答え： **4人**

たしかめよう2 たからぶくろが15こあります。1人に3こずつ分けます。何人に分けられますか。□ にあてはまる数を書き、答えももとめましょう。

考え方と式

「3こずつ分ける」ので、わり算の答えは、「□ のだん」で答えが15になる九九からもとめられます。

15 ÷ 3 = □

答え： 人

わり算は、「わられる数」÷「わる数」です。

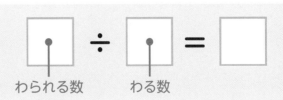
わられる数　わる数

例題3　次の式とその式の答えを線で正しくむすびましょう。

$$10 \div 1 \quad \cdot \qquad \cdot \quad 0$$

$$0 \div 10 \quad \cdot \qquad \cdot \quad 10$$

$$10 \div 0 \quad \cdot \qquad \cdot \quad 1$$

$$10 \div 10 \quad \cdot \qquad \cdot \quad この式はまちがいです$$

ポイント　「0 ÷ □」「□ ÷ 0」「□ ÷ 1」の考え方

「0 を□人で分ける」と、何人で分けても１人分は０ですから、「0 ÷ □」の答えはいつでも０です。

「□ を０人で分ける」は、分けられませんから、「□ ÷ 0」はまちがった式です。

「□ を１人で分ける」と、ひとりじめになりますから、「□ ÷ 1」の答えはいつでも□です。

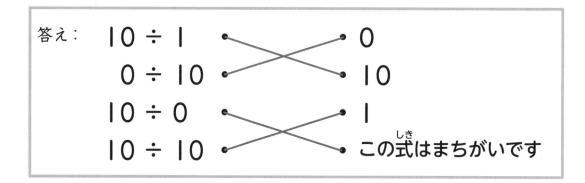

答え：

$$10 \div 1$$
$$0 \div 10$$
$$10 \div 0$$
$$10 \div 10$$

0
10
1
この式はまちがいです

たしかめよう3　次の計算をしましょう。

(1)　$0 \div 3 = \boxed{}$　　(2)　$25 \div 1 = \boxed{}$

(3)　$5 \div 5 = \boxed{}$

「0 ÷ ☆ ＝0」「☆ ÷ 1＝☆」「☆ ÷ ☆ ＝1」です。「☆ ÷ 0」はまちがいです。

答えは、別冊⑥、⑦ページ

練習 1 次のア〜エの文のうち、答えをもとめる式が「12 ÷ 4」になるものをすべてえらび、記号で答えましょう。

ア　公園に子どもが 12 人います。4 人が帰るとのこりは何人ですか。

イ　12 このおかしを 4 こずつふくろに入れます。ふくろはいくついりますか。

ウ　1 こが 12 円のアメがあります。4 こ買うと代金は何円ですか。

エ　12 人を同じ人数ずつ 4 つのはんに分けます。1 つのはんは何人ですか。

答え：

練習 2 1 こが 72 円の指人形があります。8 人が同じ金がくを出し合って、この指人形を 1 こ買います。何円ずつ出し合えばよいですか。

【式と計算】

答え：

練習 3 48 人がテントにとまります。1 つのテントに 6 人がとまると、テントは全部でいくつひつようですか。

【式と計算】

答え：

練習 4 色紙が 24 まいあります。

（1） 8 人に同じ数ずつ分けると、1 人分は何まいになりますか。

【式と計算】

答え：

（2） 1 人に 4 まいずつ分けると、何人に分けられますか。

【式と計算】

答え：

練習 5 ミカンが 20 こあります。お母さんが 2 こ取った後、のこりを 3 人の子どもに同じ数ずつ分けます。1 人の子どもがもらえるミカンは何こですか。

【式と計算】

答え：

練習 6 おまんじゅうが36こあります。ボスが24こを取り、副ボスが12こ取った後、ボスが「のこりはお前たちで公平に分けろ。」と6人の手下に言いました。1人の手下がもらえるおまんじゅうは何こですか。

　分けるおまんじゅうがないときは、「0こ」と答えましょう。

【式と計算】

答え：

練習 7 小ばんが56まいあります。ボスが「お前たちに公平に分けてやるぞ。」と言って小ばんを手下に配ると、どの手下も1まいずつもらうことができ、小ばんはあまりませんでした。このボスの手下は何人ですか。

【式と計算】

答え：

練習 8 たから箱が35こあります。ボスが35人の手下に「お前たちに公平に分けてやるからな。」と言いました。1人の手下がもらえるたから箱は何こですか。

【式と計算】

答え：

チャレンジして みよう

答えは、別冊 ⑦ ページ

問題 1 クッキーが 9 こ入ったふくろが 4 つあります。これらのクッキーを 6 つの箱に同じ数ずつ入れ直すと、1 つの箱のクッキーは何こになりますか。

【式と計算】

答え：

問題 2 おまんじゅうが 21 こ、おかきが 35 こあります。何人かの子どもに、おまんじゅうを何こかとおかきを何こか配ると、あまることなく全部を公平に分けることができました。子どもは何人いますか。ただし、子どもの人数は 2 人以上です。

【式や計算、考え方など】

答え：

小3⑤ わり算の文章題 ②

答えは、別冊⑦ページ

つまずきをなくす説明

例題 1 イチゴ大福が 10 こあります。7 人の子どもに同じ数ずつ配る

と、1 人分は何こになりますか。また、何こ**あまり**ますか。

ポイント 「あまりのあるわり算」の考え方

答えに近い「九九」をさがします。

考え方

式は、10 ÷ 7 ですから、□ × 7 = 10 に近い「九九」をさがします。

「7 のだん」で答えが 10 に近いのは、1 × 7 = 7 と 2 × 7 = 14 の 2 つです。

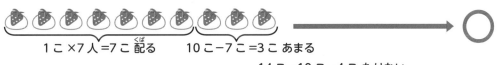

1 こ×7 人 =7 こ配る　　10 こ−7 こ=3 こあまる

14 こ−10 こ=4 こたりない

2 こ×7 人 =14 こ配る

【式】 10 ÷ 7 = 1 あまり 3　　答え： **1 人分 1 こ、3 こあまる**

たしかめよう 1 リンゴが 15 こあります。6 人が同じ数ずつ分

けます。1 人分をできるだけ多くすると、何こになりますか。□ にあ

てはまる数や言葉を書き、答えももとめましょう。

考え方

6 × 2 = 12　　15 − 12 = 3...1 人分が □ こで、3 こ あ[ ]。

6 × 3 = 18　　18 − 15 = 3...3 こ た[ ]。

【式】 15 ÷ □ = 2 あまり □　　答え： □ こ

答えが、わられる数よりも小さい「九九」をさがします。

小3⑤ わり算の文章題 ②　39

例題2 ミカンが 20 こあります。これを 3 こずつふくろに入れて、1 ふくろ 120 円で売ります。ふくろは何まいひつようですか。

ポイント 「あまりを答えからのぞく」問題

ミカンの「あまり」をふくろに入れても、1 ふくろ 120 円で売ることはできません。

考え方

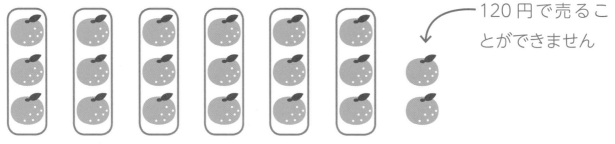

120 円で売ることができません

【式】
20 ÷ 3 = 6 あまり 2

| 答え： | **6 まい** |

たしかめよう2 ナシが 30 こあります。これを 4 こずつふくろに入れて、1 ふくろ 500 円で売ります。ふくろは何まいひつようですか。

【式】

30 ÷ 4 = ☐ あまり ☐

| 答え： | まい |

 売ったり配ったりするとき、「あまり」は「はしたの数」になるので、答えに入れません。

例題 3 子どもが 34 人います。1 つの長いすに 5 人ずつすわります。全員がすわるために、長いすは少なくとも何きゃくひつようですか。

ポイント 「あまりを考えて、答えを 1 大きくする」問題

5 人より少ない人数でも、すわるためには長いすが 1 きゃくひつようになります。

考え方

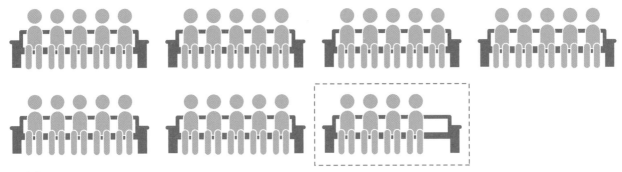

【式】

$34 \div 5 = 6$ あまり 4

$6 + 1 = 7$

答え： **7 きゃく**

たしかめよう 3 自動車が 50 台あります。この自動車を 6 台のせることができるトラックで、そう庫に運びます。1 回で運び切るには、トラックが少なくとも何台ひつようですか。

【式】

$\boxed{50} \div \boxed{6} = \boxed{}$ あまり $\boxed{}$

$\boxed{} + \boxed{} = \boxed{}$

答え：　　　　　台

 全員がいすにすわったり、すべてを運んだりするとき、あまりが出た場合は、答えを 1 大きくします。

答えは、別冊⑧ページ

練習 1 次の問題の答えをもとめます。正しいものをア～ウの中から
1つえらび、記号で答えましょう。

「モモが60こあります。7人に同じ数ずつ配ります。1人分をできるだけ
多くすると、何こになりますか。また、何こあまりますか。」

ア　60 ÷ 7 = 9 あまり 3　　答え　1人分　9こ、3こあまる

イ　60 ÷ 7 = 8 あまり 4　　答え　1人分　8こ、4こあまる

ウ　60 ÷ 7 = 7 あまり 11　　答え　1人分　7こ、11こあまる

答え：

練習 2 次の問題の答えをもとめます。正しいものをア～オの中から
1つえらび、記号で答えましょう。

「アメが50こあります。1人に8こずつ配るとき、何人にまで配ることが
できますか。」

ア　50 ÷ 8 = 7 あまり 6　　答え　7人

イ　50 ÷ 8 = 6 あまり 2　　6 + 1 = 7　　答え　7人

ウ　50 ÷ 8 = 6 あまり 2　　2 + 1 = 3　　答え　3人

エ　50 ÷ 8 = 6 あまり 2　　答え　6人

オ　50 ÷ 8 = 6 あまり 2　　答え　2人

答え：

練習3 さくらもちが17こあります。1人に2こずつ配ると、何人にまで配ることができますか。また、何こあまりますか。

【式と計算】

答え:

練習4 27このかしわもちを、5人で同じ数ずつ分けます。1人分をできるだけ多くすると、1人分は何こになりますか。また、何こあまりますか。

【式と計算】

答え:

練習5 どらやきが75こあります。1箱8こ入りにして1500円で売ります。箱は少なくとも何こひつようですか。

【式と計算】

答え:

48cm のリボンを切って、長さ 5cm の名ふだを作ります。何人分の名ふだを作ることができますか。

【式と計算】

答え：

ひじょう食セットが 44 こあります。1 回に 8 こまでのせることができる台車を 1 台使って、そう庫に運びます。全部をできるだけ少ない回数で運びます。何回で全部を運び終えますか。

【式と計算】

答え：

22 このリンゴをふくろに入れて持って帰りたいのですが、1 つのふくろにはリンゴを 4 こまでしか入れることができません。ふくろは全部でいくつあればよいでしょう。できるだけ少ない数で答えましょう。

【式と計算】

答え：

小3⑤ わり算の文章題 ❷

答えは、別冊⑧ページ

問題 1 子どもが 51 人います。1 チーム 9 人でチームを作ります。チームに入れない子どもがいないようにするには、少なくともあと何人子どもがいればよいですか。

【式と計算】

答え：

問題 2 子ども会でくだものを配りました。21 このリンゴを 1 人にできるだけ多くなるように配ると 1 こあまり、さらに 15 このカキを 1 人にできるだけ多くなるように配ると 3 こあまりました。1 人分のリンゴとカキを合わせると 8 こになったそうです。子どもは何人いましたか。

【式と計算】

答え：

「角之進さんを助けてあげよう 2」〜つるかめ算〜

キジとウサギが合わせて五十羽います。足の合計は百二十二本です。キジとウサギは、それぞれ何羽いますか。

角之進：はぁ……。

実　丸：角之進さん、どうしたの？

角之進：おぉ、これは実丸くんじゃないか。ちょうどよいところで出会った。実は、この問題の答えを考えるよう、とのに命ぜられているが、全くわからんのだ。

実　丸：どれどれ。「キジとウサギが合わせて 50 羽います。足の合計は 122 本です。キジとウサギは、それぞれ何羽いますか。」か……。

角之進：どうじゃ、できるか？　できたら、まんじゅうを、たらふく食べさせてやるぞ。

実　丸：やったね！　やくそくだよ。ところで、角之進さんのおやしきにご石はある？

角之進：ご石？　あることはあるが、今はのんきにごなど打っている場合ではないんじゃが……。

実　丸：あるんだね、じゃあ、今すぐ、おやしきに行こうよ。

角之進：わかった、わかった。

（所かわって、角之進のやしき）

実　丸：角之進さん、キジの足は何本か知っているよね？

角之進：もちろん知っているとも。キジは鳥じゃから 2 本足に決まっておろう。

実　丸：じゃあ、ウサギは？

角之進：ウサギは前足が 2 本、後足が 2 本、合わせて 4 本じゃ。

実　丸：それじゃあ、足の代わりにご石をならべていくよ。左から2こずつキジの代わりにならべ、右から4こずつウサギの代わりにならべるんだ。（図1）

（図1）

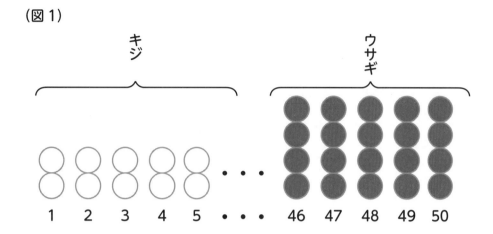

角之進：ご石をならべただけで何がわかるんじゃ？

実　丸：足の合計が122本だから、ご石も全部で122こあればいいんだよね。

角之進：それは、当たり前のことでござろう。

実　丸：じゃ、このわくの中のご石は全部で何こある？（図2）

（図2）

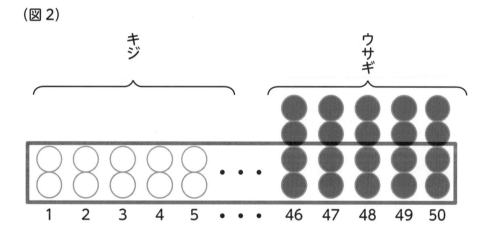

角之進：たてに2こずつじゃから、2×50＝100こじゃの。

実　丸：さすが、角之進さん。計算、かんぺきだね！

角之進：いや～、それほどでも。は～はっ、はっ、はっ！　ちょっと待てよ。ということは……。なるほど、そうか。わかり申したぞ！　これはのんびりしておれん。直ちに、とのにごほうこくをしにまいらねば。これにて、ごめん。

実　丸：あっ、角之進さん、やくそくのまんじゅうは～～～～？！

　さて、角之進さんはとのに何とほうこくしたのでしょうか？　みなさんも考えてみてね。

答えは125ページ。

「重なり」の文章題

答えは、別冊⑨ページ

つまずきをなくす説明

例題1
1m のものさしを使って、部屋の入り口のはばをはかると下のようになりました。この部屋の入り口のはばは何 cm ですか。

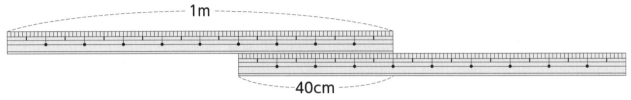

1m

40cm

ポイント 「重なり」の考え方（1）

テープ図に表し、「重なり」の部分を先にひいて計算します。

考え方

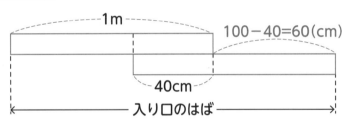

1m

100 − 40 = 60(cm)

40cm

入り口のはば

【式】 100 − 40 = 60
100 + 60 = 160

答え： 160 cm

たしかめよう①
30cm のものさしを使って、本箱のはばをはかると右図のようになりました。この本箱のはばは何 cm ですか。

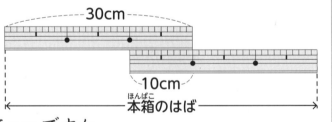

30cm

10cm

本箱のはば

考え方と式

テープ図に表して □ の長さを先にもとめます。

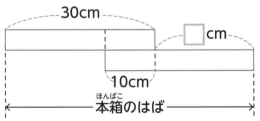

30cm

□cm

10cm

本箱のはば

□ − □ = □　　□ + □ = □

 「重なり」を先にひいて計算することができます。

答え：　　　　　cm

例題2

1m のものさしを使って、おふろのはばをはかると下のように
なりました。このおふろのはばは何 cm ですか。

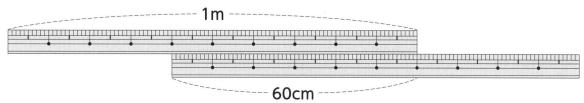

ポイント 「重なり」の考え方(2)

テープ図に表し、「重なり」の部分を後からひいて計算します。

考え方

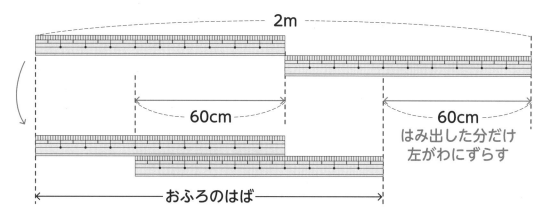

【式】

$100 + 100 = 200$　重なりがないときの長さ

はみ出した長さと重なりの長さは同じなので、

$200 - 60 = 140$

答え：**140cm**

たしかめよう 2

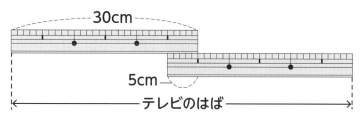

30cm のものさしを使
って、テレビのはばをは
かると右図のようになりました。このテレビのはばは何 cm ですか。

考え方と式

重なりがないときの長さは、□ ＋ □ ＝ □ (cm)

実さいには重なりの分だけ短くなるので □ － □ ＝ □ (cm)

「重なり」の分だけ短くなります。

答え：　　　　cm

例題3 ハンカチを持っている子どもが6人、ティッシュを持っている子どもが4人、そのうち両方持っている子どもが3人います。子どもは全部で何人ですか。

ポイント 「長さ以外の重なり」の考え方

ものさしの代わりに、子どもをならべて考えます。

考え方

ハンカチを持っている子ども 6人

両方持っている子どもが「重なり」です

ティッシュを持っている子ども 4人

【式】

6 + 4 = 10　重なりがないときの子どもの人数

10 − 3 = 7

答え：**7人**

たしかめよう❸ イヌがすきな人が10人、ネコがすきな人が12人、そのうち両方がすきな人が8人います。全部で何人ですか。

イヌがすき 10人

8人

ネコがすき 12人

考え方と式

重なりがなければ、□ ＋ □ ＝ □ （人）

実さいには8人が重なっているので、□ − □ ＝ □ （人）

 「それぞれの人数の合計」−「両方（重なり）」で計算します。

答え：　　　人

答えは、別冊⑨ページ

練習 1 次のテープ図の □ にあてはまる数をもとめましょう。

（1）

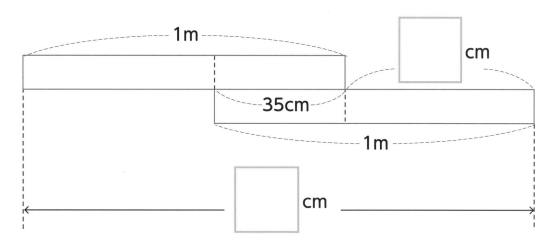

（2）

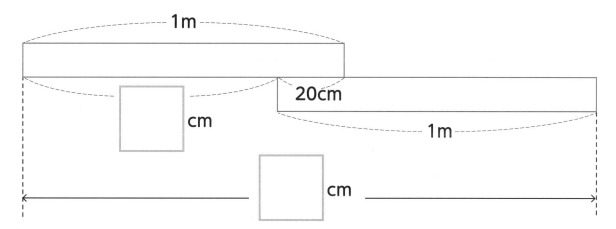

（3）

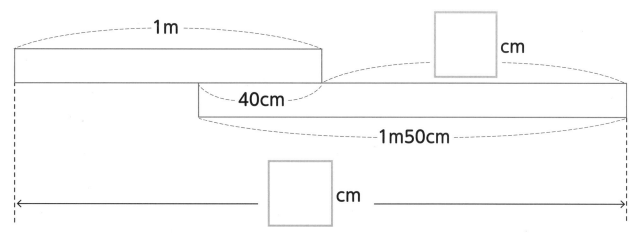

練習2

右のテープ図の全体の長さは何 cm ですか。重なりを後からひくとき方でもとめましょう。

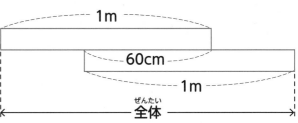

【式と計算】

答え：

練習3

カレーライスがすきな人が 20 人、ハンバーグランチがすきな人が 18 人、そのうち両方ともすきな人が 11 人います。全部で何人ですか。

【式と計算】

答え：

練習4

山登りをしたことがある子どもが 14 人、海水浴をしたことがある子どもが 25 人、そのうち両方ともしたことがある子どもが 10 人います。子どもは全部で何人ですか。

【式と計算】

答え：

答えは、別冊⑨ページ

問題1　下のテープ図で、重なりの長さは何cmですか。

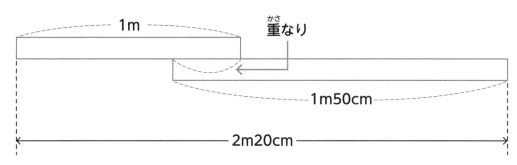

1m

重なり

1m50cm

2m20cm

【式と計算】

答え：

問題2　太郎さんのクラスで、すきな花調べをしました。チューリップがすきな人は23人、ユリがすきな人は16人、そのうちどちらもすきな人は7人です。また、どちらもきらいな人は3人でした。太郎さんのクラスの人数は何人でしょう。

【式と計算】

答え：

「□倍」を使う文章題

答えは、別冊⑩ページ

つまずきをなくす説明

例題 1 　長さ 40cm の赤い紙テープと、その **2倍** の長さの青い紙テープがあります。青い紙テープの長さは何 cm ですか。

ポイント 「倍」の考え方

「□の 2 倍」は「□ 2 つ分」、「□の 3 倍」は「□ 3 つ分」という意味ですから、「□の 2 倍」は「□ × 2」、「□の 3 倍」は「□ × 3」のように、「〜倍」の計算はかけ算になります。

考え方と式

「2 倍」は「2 つ分」と同じ意味です。

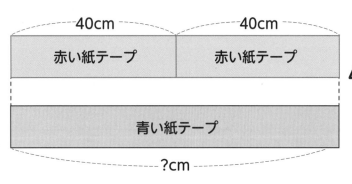

$$40 + 40 = 40 \times 2 = 80$$

答え： **80** cm

たしかめよう 1 　長さ 20cm の赤いリボンと、その 3 倍の長さの青いリボンがあります。青いリボンの長さは何 cm ですか。

【式】

$$20 + 20 + 20 = \boxed{20} \times \boxed{} = \boxed{}$$

答え： 　　cm

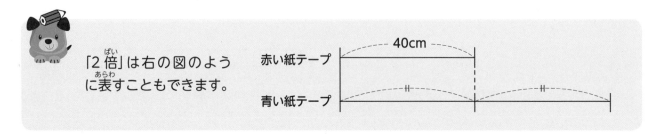

「2 倍」は右の図のように表すこともできます。

例題2 長さ 100cm の赤い紙テープと、長さ 20cm の青い紙テープがあります。赤い紙テープの長さは、青い紙テープの長さの**何倍**ですか。

ポイント 「何倍かをもとめる」ときの考え方

「何倍か」をもとめるときは、□ を利用して、「～×□＝…」という式を作ります。

考え方と式

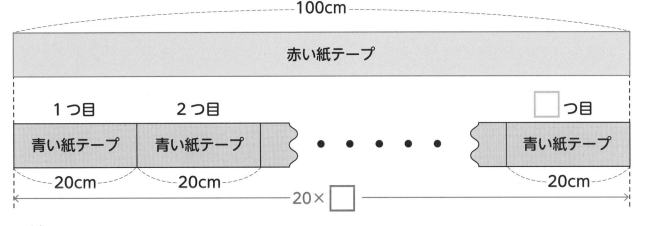

【式】

20 × □ ＝ 100
100 ÷ 20 ＝ 5

答え：　**5倍**

たしかめよう② 長さ 45cm の赤いリボンと、長さ 9cm の青いリボンがあります。赤いリボンの長さは、青いリボンの長さの何倍ですか。

【式】

9 × □ ＝ 45

45 ÷ 9 ＝ □

答え：　倍

 「何倍か」は「□を使った式➡わり算」でもとめます。

例題3 1こ13円のおかしが1ふくろに25こ入っています。このおかしを4ふくろ買うと代金は何円になりますか。

ポイント 「◎×◇×☆」の計算のしかた

かけ算だけの式は、前からじゅんに計算しても、後ろを先に計算しても答えは同じです。

【式】

先に計算

$$13 \times \boxed{25 \times 4} = 13 \times 100 = 1300$$

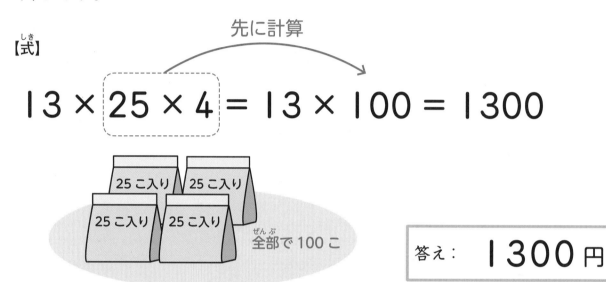

25 こ入り　25 こ入り
25 こ入り　25 こ入り
全部で100こ

答え： 1300 円

たしかめよう3 1こ73円のコップが5こ1組で売られています。このコップを2組買うと、代金は何円になりますか。

【式】

先に計算

$$73 \times \boxed{5 \times 2} = \boxed{} \times \boxed{} = \boxed{}$$

答え： 円

かけ算だけの式では、
「5 × 2＝10」や「25 × 4＝100」の計算を先にすると、計算しやすくなります。

練習しよう

答えは、別冊⑩ページ

練習1 太郎さんはマラソン大会の練習で、公園のまわりをきのうは1しゅう走りました。今日はきのうの2倍走ります。今日は何しゅうしますか。

【式と計算】

答え：

練習2 花子さんは文具店で消しゴムとえん筆を買いました。消しゴムの代金は85円で、えん筆の代金は消しゴムの代金の3倍でした。えん筆の代金は何円ですか。

【式と計算】

答え：

練習3 次郎さんはアメ48ことキャラメル6こを持っています。アメのこ数は、キャラメルのこ数の何倍ですか。

【式と計算】

答え：

練習4 桃子さんは金色の色紙を 36 まい、銀色の色紙を 9 まい持っています。金色の色紙のまい数は、銀色の色紙のまい数の何倍ですか。

【式と計算】

答え：

練習5 1 まいに 80 分録音できる CD が 2 まいで 1 パックになっています。このパック 5 つ分に録音できる時間は全部で何分ですか。

【式と計算】

答え：

練習6 1 本 120 円の電池が 4 本 1 組で売られています。この電池を 25 組買うと代金は何円になりますか。

【式と計算】

答え：

チャレンジして
みよう

答えは、別冊⑩ページ

問題 1 太郎さん、二郎さん、三郎さんがクリ拾いをしました。太郎さんが拾ったクリのこ数は三郎さんが拾ったクリのこ数の 6 倍で、二郎さんが拾ったクリのこ数は三郎さんが拾ったクリのこ数の 2 倍でした。太郎さんが拾ったクリのこ数は、二郎さんが拾ったクリのこ数の何倍ですか。図をかいて考えましょう。

【図と式など】

答え：

問題 2 銀の板が 1 まい 72 円で売られています。この銀の板が 8 まい入ったセットを 125 セット買うと、代金は何円になりますか。

【式と計算】

答え：

小数の文章題

答えは、別冊⑪ページ

つまずきをなくす説明

例題1 ジュースが、赤いコップに **0.2**L、青いコップに **0.5**L 入っています。2つのコップに入っているジュースは、合わせて何 L ですか。

ポイント 「小数の計算」の考え方

「0.1 が集まっているこ数」や「小数点のいち」をそろえた筆算で計算します。

考え方

0.2 は 0.1 が 2 こ集まった数、0.5 は 0.1 が 5 こ集まった数なので、合わせると、0.1 が 7 こ集まった数になります。

【式】

$$0.2 + 0.5 = 0.7$$

筆算を利用したとき方

$$\begin{array}{r} 0.2 \\ + 0.5 \\ \hline 0.7 \end{array}$$

小数点のいちをそろえます

答え： **0.7**L

たしかめよう① 赤いぼうの長さは **0.4**m、青いぼうの長さは **0.3**m です。合わせた長さは何 m ですか。□ にあてはまる数を書き、答えももとめましょう。

考え方

0.4 は 0.1 が □ こ集まった数、0.3 は 0.1 が □ こ集まった数なので、合わせると、0.1 が □ こ集まった数になります。

【式】 0.4 + 0.3 = □

答え： □ m

小数を 0.1 が集まったこ数で考えると、整数の計算の考え方が使えます。

例題2 ポットに麦茶が **1.2L** 入っています。太郎さんが **0.3L** 飲みました。のこった麦茶は何 L ですか。

ポイント 「1 より大きい小数」の考え方

「1 より大きい小数」は、「数直線」に表して考えましょう。

考え方

「1 を 10 等分」しているので、1 目もりは 0.1 です。

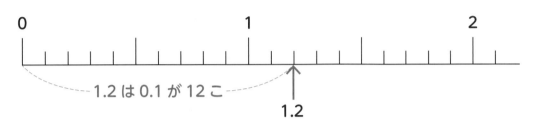

1.2 は 0.1 が 12 こ

1.2

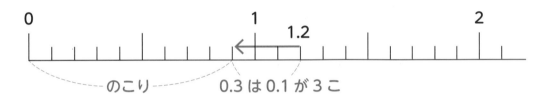

のこり

0.3 は 0.1 が 3 こ

【式】 1.2 − 0.3 = 0.9

答え： **0.9**L

たしかめよう② バケツに水が **1.5L** 入っています。花だんに **0.8L** まきました。のこった水は何 L ですか。

考え方

1.5 は 0.1 が □ こ集まった数、0.8 は 0.1 が □ こ集まった数なので、のこりは 0.1 が □ こ集まった数になります。

【式】 1.5 − 0.8 = □

答え： L

1 は 0.1 が 10 こ集まった数です。

例題3 次の説明と小数を、線で正しくむすびましょう。

1と0.3を合わせた数 ・	・ 1.6
2より0.1小さい数 ・	・ 1.9
1を1こと0.1を4こ合わせた数 ・	・ 1.3
0.1を16こ集めた数 ・	・ 1.4

ポイント 「0.1を10こより多く集めた数」の考え方

「0.1を10こ集めた数＝1」と「のこり」に分けることができます。

考え方

$$
\text{0.1を16こ集めた数} \begin{cases} \text{0.1を10こ集めた数} & 1 \\ \text{0.1を6こ集めた数} & 0.6 \end{cases}
$$

合わせると 1.6

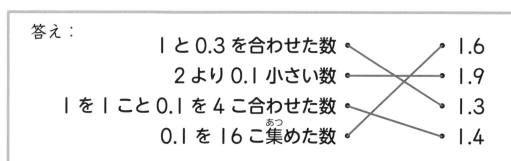

答え：

1と0.3を合わせた数 ・	・ 1.6
2より0.1小さい数 ・	・ 1.9
1を1こと0.1を4こ合わせた数 ・	・ 1.3
0.1を16こ集めた数 ・	・ 1.4

たしかめよう3 1.8の説明として正しいものを、ア～エからすべてえらび、記号で答えましょう。

ア 0.1を18こ集めた数　　イ 2より0.8小さい数
ウ 1を1こと0.1を8こ集めた数　　エ 1と0.8を合わせた数

答え：

 2は0.1が20こ集まった数です。

練習しよう

答えは、別冊⑪ページ

練習 1 水が、青いバケツに 1.3L、白いバケツに 0.9L 入っています。水は、合わせて何 L ありますか。

【式と計算】

答え：

練習 2 紙テープを、花子さんは 1.2m、葉子さんは 0.8m 持っています。2人合わせて何 m の紙テープを持っていますか。

【式と計算】

答え：

練習 3 赤ペンの長さは 14.5cm、えん筆の長さは 16.9cm です。えん筆は赤ペンよりも、何 cm 長いですか。

【式と計算】

答え：

練習4 いっすんぼうしの身長は 3.3cm、おやゆびひめの身長は 5cm6mm です。おやゆびひめはいっすんぼうしより何 cm 高いですか。

【式と計算】

答え：

練習5 赤色のテープは 36cm より 0.3cm 短く、黄色のテープは 35cm よりも 0.3cm 長いそうです。どちらが何 cm 長いですか。

【式と計算】

答え：

練習6 ポットに緑茶が 2L 入っています。花子さんと友だちが 1.8L 飲みました。のこっている緑茶は何 L ですか。

【式と計算】

答え：

小3⑧ 小数の文章題

チャレンジしてみよう

答えは、別冊⑪、⑫ページ

問題1 10m のロープがあります。そこから、太郎さんが 0.7m、二郎さんが 1.8m、三郎さんが 0.5m 持って帰りました。のこっているロープの長さは何 m ですか。

【式と計算】

答え：

問題2 ようきにジュースが 50L 入っています。この中から、0.2L ずつ 10人の子どもに配りました。のこったジュースは何 L ですか。

【式と計算】

答え：

「角之進さんを助けてあげよう 3」 ～ 100 文はどこへ？～

　おさいふに、1 円こうかや 10 円こうかがたくさん入っていて、「もう少し軽くならないかなぁ～」って思うこと、ありませんか？

1こ　210円

　たとえば、1 こ 210 円のカキを 2 こ買うとします。そのとき、おさいふには上の絵のように全部で 770 円、6 まいのこうかが入っていたとします。

　もし、500 円こうか 1 まいをお店の人にわたすと、500 − 420 ＝ 80（円）のおつりになります。その 80 円を、50 円こうか 1 まいと 10 円こうか 3 まいでもらうと、おさいふの中には全部で 9 まいのこうかがあることになり、買い物をする前よりもまい数がふえてしまいます。

はらう　　　　　　　　　　　　　　　　　　　　　　　　　　　　おつり

　こんなときは、まず「はしたの 20 円」を 10 円こうか 2 まいでしはらい、のこりの 400 円は 500 円こうか 1 まいでしはらいます。

はらう　　　　　はらう　はらう　　おつり

　420 円の買い物をするときは、520 円をお店の人にわたすと、おさいふの中もスッキリしますね。

　さて、所かわって、ここでもお金のことが話題になっているようです。

角之進：主人、こまったことになったではないか。かん定が合わぬぞ。

主　人：さようおおせになられましても……。

実　丸：角之進さん、どうしたの？

角之進：これは実丸くんではないか。ちょうどよかった。

実　丸：どうしたの？

角之進：実は、せっしゃが仕事仲間 2 人といっしょに、この店で食事をしてのお。

店の者が食事代は1人400文じゃと言うので、3人で1200文をはらったのじゃ。

実丸：それで？

角之進：しかし、ここの主人が、3人1グループ様でしたら1000文でけっこうですと言って、200文を返しに来よった。

実丸：ふんふん。

角之進：しかし200文は3人で分けられんので、50文を店の女中さんにお礼としてわたし、のこりの150文を、50文ずつ3人で分けたのよ。

実丸：何かこまることがあるようには思えないけれど……。

角之進：いやの、1人400文しはらって、50文返してもらったから1人分の食事代は350文になるから3人合わせて1050文、それに女中さんにわたした50文で、しめて1100文になるはずじゃ。ところが、はじめに1200文はらっているのじゃから、100文合わぬではないか。これは店の主人がわれらをだましているのではないかと思っての。

主人：おぶけ様をだますなど、めっそうもない。

角之進：しかし、実さいにかん定が合わぬではないか。

主人：……。

角之進：おや、実丸くん。何をニヤニヤしておるんじゃ？　さては、主人の悪だくみに気づいたな。教えてくれぬか？

実丸：角之進さん、お店のご主人は正直者ですよ。何も悪だくみなどしてはいません。

主人：（ホッ）

角之進：主人は正直者とな？　では、実丸くんはせっしゃがまちがっているというのか……。

みなさんも角之進さんにまちがいを教えてあげてください。

💡ヒント

実丸くんが考えたことを図にすると次のようになります。

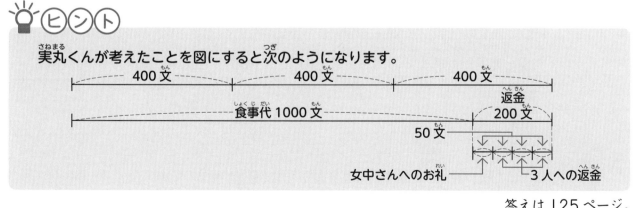

答えは125ページ。

線分図の文章題

答えは、別冊⑫ページ

つまずきをなくす説明

例題 1 チョコレートがしが 20 こありました。そのうち、何こか食べたら、のこりが 13 こになりました。食べたチョコレートがしは何こですか。

ポイント 「全体と部分」の考え方(1)

食べたこ数を□ ことして、テープ図に表します。

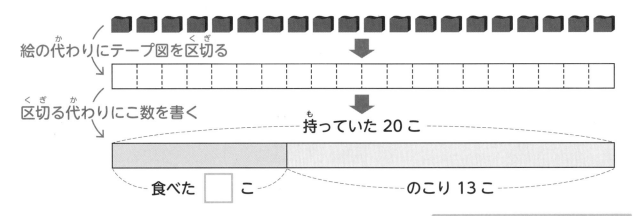

絵の代わりにテープ図を区切る

区切る代わりにこ数を書く

持っていた 20 こ

食べた □ こ　　のこり 13 こ

【式】20 − 13 = 7

答え: **7こ**

たしかめよう ① おり紙が 16 まいありました。そのうち、何まいかを使ったら、のこりが 9 まいになりました。使ったおり紙は何まいですか。下のテープ図の □ にあてはまる数を書き、答えももとめましょう。

図と式

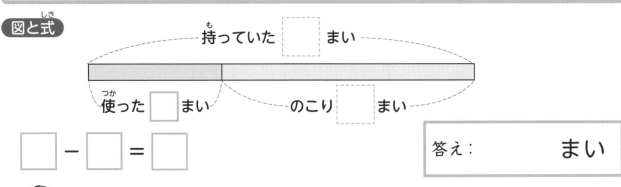

持っていた □ まい

使った □ まい　　のこり □ まい

□ − □ = □

答え: 　　まい

「持っていたまい数−のこりのまい数＝使ったまい数」です。

例題2 アメを 12 こ持っていました。お母さんから何こかもらったので、アメは全部で 19 こになりました。もらったアメは何こですか。

ポイント 「全体と部分」の考え方(2)

テープ図よりかきやすい線分図に表します。

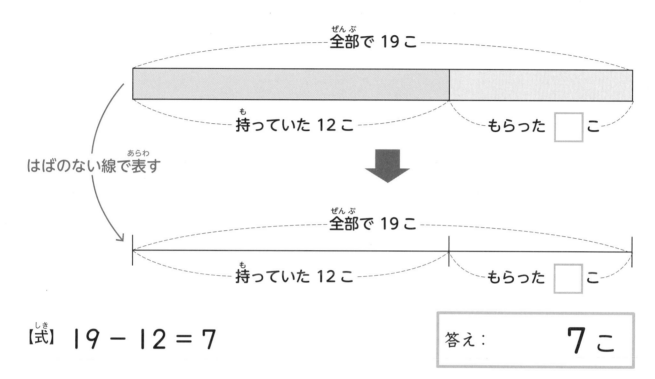

【式】 19 − 12 = 7

答え： **7** こ

たしかめよう2 画用紙が 18 まいありました。新しく何まいかを買いたしたので、全部で 25 まいになりました。買いたした画用紙は何まいですか。下の線分図の □ にあてはまる数を書き、答えももとめましょう。

図と式

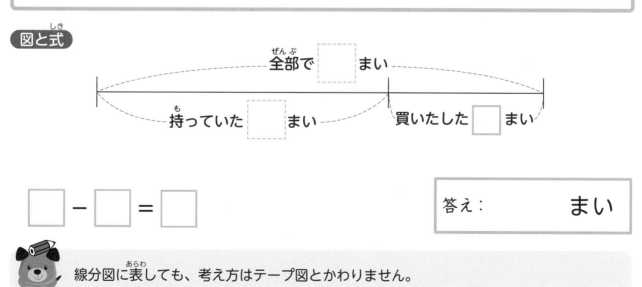

□ − □ = □

答え： まい

線分図に表しても、考え方はテープ図とかわりません。

例題3 赤色のコップに牛にゅうが 2dL 入っています。青色のコップから 1dL、黄色のコップから何 dL かの牛にゅうを、赤色のコップにうつしたので、赤色のコップの牛にゅうは 6dL になりました。黄色のコップからうつした牛にゅうは何 dL ですか。

> **ポイント** 「全体と部分」の考え方(3)

1つの線分図にまとめて表し、全体と部分を見やすくします。

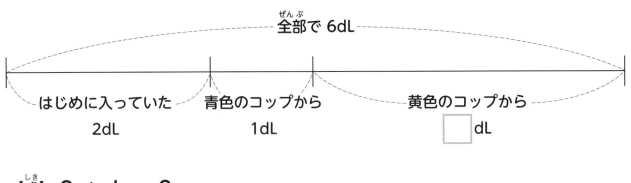

全部で 6dL

はじめに入っていた 2dL　　青色のコップから 1dL　　黄色のコップから □ dL

【式】 2 + 1 = 3
6 − 3 = 3

答え： **3dL**

たしかめよう3 赤色のチューリップを 7 本、白色のチューリップを何本か、黄色のチューリップを 8 本用意して、全部で 20 本植えます。白色のチューリップは何本ですか。

図と式

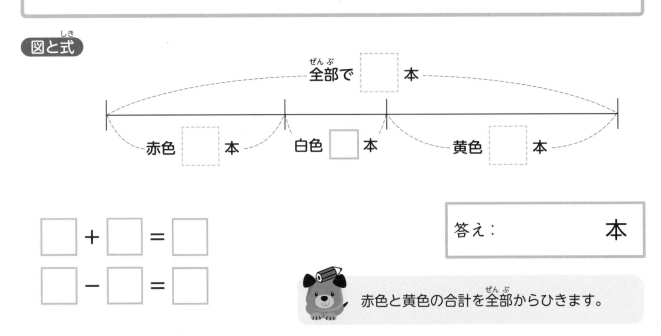

全部で □ 本

赤色 □ 本　　白色 □ 本　　黄色 □ 本

□ + □ = □

□ − □ = □

答え：　　**本**

赤色と黄色の合計を全部からひきます。

練習しよう

答えは、別冊⑫、⑬ページ

練習1　次の線分図の □ にあてはまる数をもとめましょう。

（1）

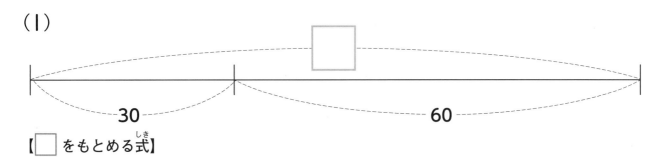

【□ をもとめる式】

答え：

（2）

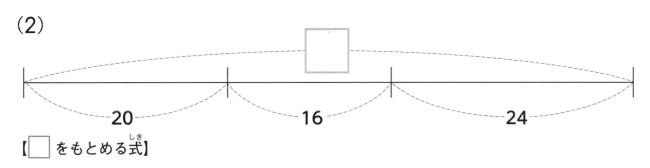

【□ をもとめる式】

答え：

（3）

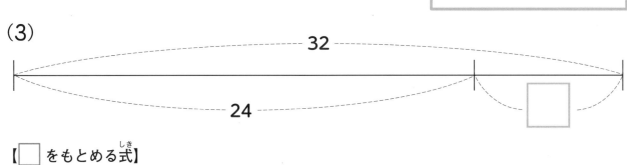

【□ をもとめる式】

答え：

（4）

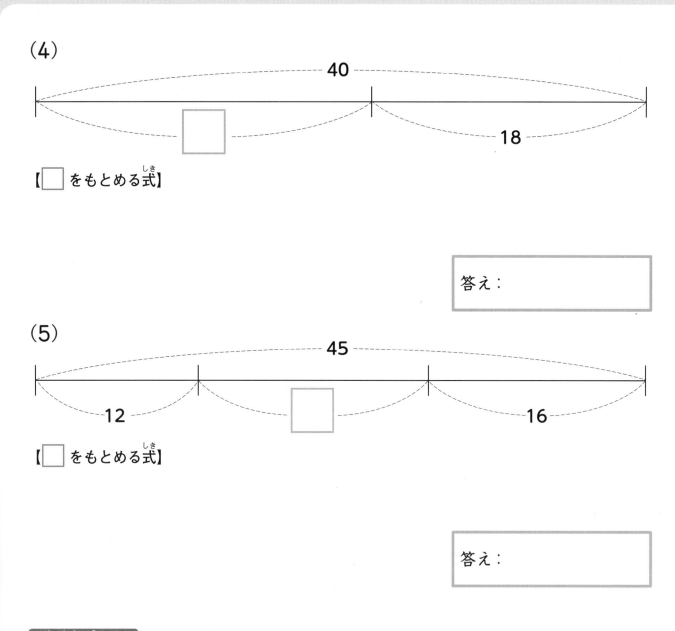

【□ をもとめる式】

答え：

（5）

【□ をもとめる式】

答え：

色紙が 30 まいあります。何まいか使ったので、のこりは 7 まいになりました。使った色紙は何まいですか。線分図をかいて答えましょう。

【線分図と式】

答え：

練習3 バケツに水が 4L 入っています。じゃ口から何 L かの水を
バケツにたしたので、バケツの水は全部で 11L になりました。じゃ口から
バケツに入れた水は何 L ですか。線分図をかいて答えましょう。

【線分図と式】

答え：

練習4 公園に子どもが 12 人と大人が 5 人います。子どもが何人か
やってきたので、子どもと大人を合わせた人数は 25 人になりました。何人
の子どもがやってきましたか。線分図をかいて答えましょう。

【線分図と式】

答え：

答えは、別冊⑬ページ

問題 1 庭にニワトリが 2 羽いました。そこにニワトリ小屋からニワトリが何羽か出てきました。その後、6 羽のニワトリがニワトリ小屋にもどったので、庭にいるニワトリは 1 羽になりました。ニワトリ小屋から出てきたニワトリは何羽だったでしょう。

【式と計算】

答え：

問題 2 バスに乗客が 11 人乗っていました。1 つ目のバスていで 2 人がおり、何人かが乗ってきました。さらに、2 つ目のバスていで 3 人がおり、何人かが乗ってきたので、バスの乗客は 14 人になりました。1 つ目のバスていで乗ってきた人数と 2 つ目のバスていで乗ってきた人数は同じです。1 つ目のバスていで何人が乗ってきましたか。

【式と計算】

答え：

重さの文章題

答えは、別冊⑬ページ

つまずきをなくす説明

例題1 右のはかりで、はりの指している重さは何gですか。

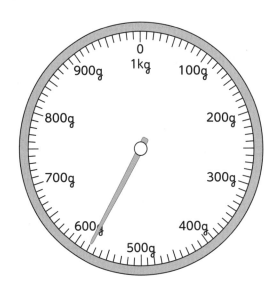

ポイント 「はかり」の使い方(1)

右の「はかり」は、1kg = 1000gまではかることができます。また、0～100gに目もりが10あるので、一番小さい1目もりが表す重さは10gです。

考え方

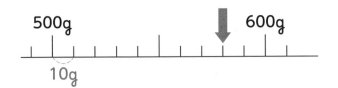

500gよりも80g重いので、580gです。

答え： **580g**

たしかめよう1 右の図のように、1kgまではかることができるはかりを用いて、石の重さをはかりました。目もりのかく大図を見て、この石の重さを答えましょう。

重さは「g (グラム)」という単位を使います。1円玉1この重さが1gです。 ① = 重さは1g

かく大図

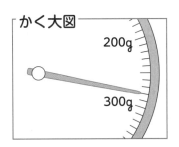

答え： g

例題2

右のはかりで、はりの指している重さは何kg何gですか。

ポイント 「はかり」の使い方(2)

右の「はかり」は、2kg = 2000g まではかることができます。また、0〜200g に目もりが 10 あるので、一番小さい 1 目もりが表す重さは 20g です。

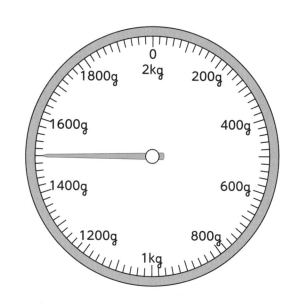

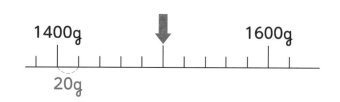

1400gよりも、5目もり = 100g 重いので、1500g = 1kg500g です。

答え： 1 kg 500 g

たしかめよう② 右の図のように、2kg まではかることができるはかりを用いて、おたからの重さをはかりました。目もりのかく大図を見て、このおたからの重さを答えましょう。

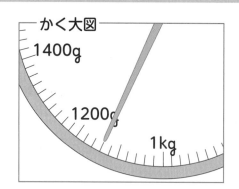

答え： kg g

「1kg（キログラム）＝1000g」です。

例題3

ガソリンの入った、1本の重さが200kgのドラムかんが6本あります。全部で何kgですか。また、それは何tですか。

ポイント「とても**重い重さを表す単位**」

「とても重い重さを表す」ときは、「t（トン）」という単位を使います。1t ＝ 1000kgです。

【式】

200 × 6 = 1200 (kg)　　1t = 1000kg なので、
　　　　　　　　　　　　　0.1t = 100kg です。

答え：**1200kg、1.2t**

たしかめよう3

右の絵のパトカーの重さは1600kg、きゅう急車の重さは3500kgです。2台を合わせた重さは何tですか。

【式】

☐ ＋ 3500 = ☐ (kg)

1t = ☐ kg なので、☐ t = 100kg です。

答え：　　　　　　　　t

「1t=1000kg」「0.1t=100kg」です。

答えは、別冊⑬ページ

練習 1 はかりの指している重さを答えましょう。(3) は☆kg ★g のように答えましょう。

(1)

答え：

(2)

答え：

(3)

答え：

練習2 重さが 280g のジャガイモを1こと、重さが 60g のたまごを1こ買い、重さが 420g のかごに入れました。かごもふくめた重さは何 g ですか。

【式と計算】

答え：

練習3 体重 35.6kg の太郎さんが、重さが 15.4kg の自転車に、1.8kg の荷物をつんで乗りました。太郎さん、自転車、荷物の重さの合計は何 kg 何 g ですか。

【式と計算】

答え：

練習4 自動車 A の重さは 1.4t、自動車 B の重さは 0.9t です。重さのちがいは何 kg ですか。

【式と計算】

答え：

答えは、別冊⑭ページ

問題 1 1この重さが100gのミカンのかんづめと、1この重さが200gのモモのかんづめを、同じこ数ずつ、重さ200gの箱に入れると、全部の重さが2kgになりました。かんづめを全部で何こ入れましたか。

【式と計算】

答え：

問題 2 つり下げたおもりの重さが1kgより重たくなると、切れてしまうひもがあります。このひもに、1この重さが90gのおもりを何こまでつり下げることができますか。

【式と計算】

答え：

分数の文章題

つまずきをなくす説明

答えは、別冊⑭ページ

例題 1 図のしゃ線部分の長さを表す分数を、線で正しくむすびましょう。

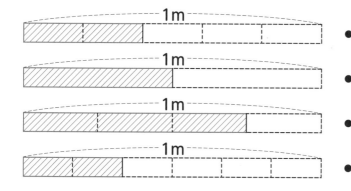

・ 　　　・ $\frac{1}{2}$ m

・ 　　　・ $\frac{2}{5}$ m

・ 　　　・ $\frac{2}{6}$ m

・ 　　　・ $\frac{3}{4}$ m

ポイント 「分数」の考え方

「1m を 5 等分した 1 こ分が $\frac{1}{5}$ m」のように「等分した長さやかさ」を表す数を「分数」といいます。

考え方と答え

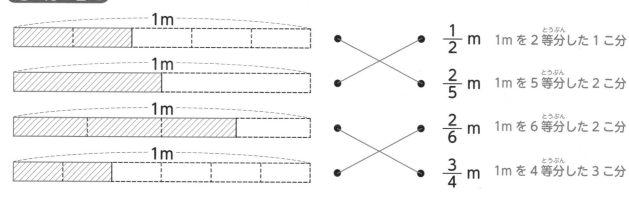

$\frac{1}{2}$ m　1m を 2 等分した 1 こ分

$\frac{2}{5}$ m　1m を 5 等分した 2 こ分

$\frac{2}{6}$ m　1m を 6 等分した 2 こ分

$\frac{3}{4}$ m　1m を 4 等分した 3 こ分

たしかめよう 1　1m を 7 等分した 3 こ分を表す分数を書きましょう。

答え：
$$\boxed{}{} \text{ m}$$

「1 を☆等分した★こ分」が、$\frac{★}{☆}$ です。

「分子（ぶんし）」といいます。

「分母（ぶんぼ）」といいます。

例題2 イ〜エの分数を下の数直線に、アにならって記号で書きこみましょう。

ア $\dfrac{1}{10}$　イ $\dfrac{5}{10}$　ウ $\dfrac{10}{10}$　エ $\dfrac{12}{10}$

ポイント 「1と等しい分数」「1より大きい分数」の考え方

$\dfrac{10}{10}$ のように、分子と分母が等しい分数は、「1と等しい分数」です。

$\dfrac{12}{10}$ のように、分子が分母より大きい分数は「1より大きい分数」です。

考え方と答え

イ　1を10等分した5こ分なので、0から数えて5目もり目です。

ウ　分子と分母が等しい分数なので、1です。

エ　分子が分母より2大きいので、1から2目もり大きい数です。

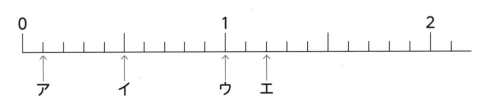

たしかめよう② 次の数直線でア〜ウの目もりが表す長さは何mですか。

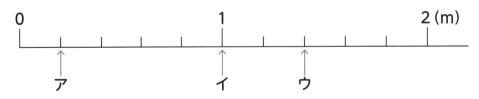

 $\dfrac{☆}{☆}$ は、1と同じ大きさです。

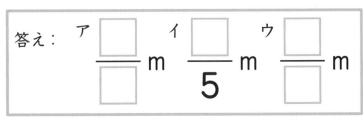

答え：ア $\dfrac{\boxed{}}{\boxed{}}$ m　イ $\dfrac{\boxed{}}{5}$ m　ウ $\dfrac{\boxed{}}{\boxed{}}$ m

例題 3

水が赤色のコップに $\dfrac{5}{7}$ L、青色のコップに $\dfrac{3}{7}$ L 入っています。どちらがどれだけ多いですか。

ポイント 「分数のたし算・ひき算」の考え方

「分母が等しい分数」は、「分子＋分子」「分子－分子」の計算をします。

考え方と式

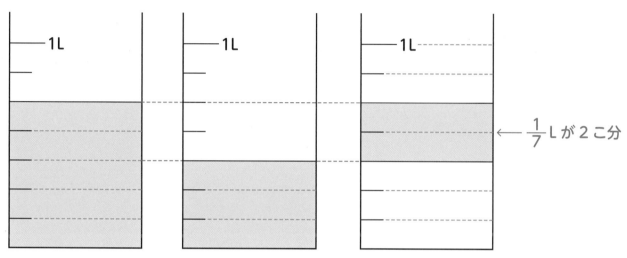

赤色のコップ　　　青色のコップ

$\dfrac{1}{7}$ の数…5こ分　　3こ分　　2こ分

$$\dfrac{5}{7} - \dfrac{3}{7} = \dfrac{2}{7}$$

答え：
赤色のコップの方が $\dfrac{2}{7}$ L 多い

たしかめよう 3

牛にゅうが赤色のコップに $\dfrac{1}{5}$ L、青色のコップに $\dfrac{2}{5}$ L 入っています。牛にゅうは合わせて何 L ありますか。

【式】 $\dfrac{1}{5} + \dfrac{2}{5} = \dfrac{3}{5}$

答え：
 ― L

 分母はそのままにして、分子どうしのたし算・ひき算をします。

練習しよう

答えは、別冊⑭、⑮ページ

練習 1 下の数直線の ▭ には分数を、▭ には小数を書きこみましょう。

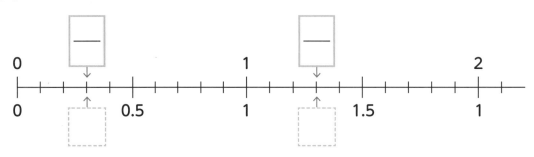

練習 2 ポットに水が $\dfrac{4}{9}$ L 入っています。水を $\dfrac{7}{9}$ L つぎたしました。水は全部で何 L になりましたか。

【式と計算】

答え：

練習 3 リボンが $\dfrac{7}{8}$ m あります。$\dfrac{3}{8}$ m 切り取って使いました。のこっているリボンの長さは何 m ですか。

【式と計算】

答え：

練習4 バケツにペンキが $\frac{2}{3}$ L 入っています。さらにペンキを $\frac{1}{3}$ L くわえました。ペンキは全部で何 L になりましたか。答えが整数になるときは整数で答えましょう。

【式と計算】

答え：

練習5 はりがねが 1m あります。$\frac{1}{4}$ m だけ切り取りました。のこりの長さは何 m ですか。1m を $\frac{4}{4}$ m として考えましょう。

【式と計算】

答え：

練習6 ようきにすなが $\frac{2}{10}$ kg 入っています。0.1kg のすなを追加しました。すなの重さは全部で何 kg ですか。分数で答えましょう。

【式と計算】

答え：

チャレンジしてみよう

答えは、別冊⑮ページ

問題 1 6m のロープがあります。そこから、太郎さんが 1.7m、二郎さんが $\frac{19}{10}$m、三郎さんが何 m か持って帰ると、のこっているロープの長さは 1m になりました。三郎さんはロープを何 m 持って帰りましたか。分数で答えましょう。

【式と計算】

答え：

問題 2 ジュースが 1L あります。太郎さんが花子さんより $\frac{1}{6}$L 多くなるようにジュースを分けると、のこりは $\frac{1}{6}$L になりました。太郎さんのジュースは何 L ですか。

【式と計算】

答え：

「角之進さんを助けてあげよう4」〜そんしてとく取れ？〜

今から400年ほど昔、京都に板倉勝重という名ぶぎょう（注：げんざいのさいばんかん）がいました。そのさいばんを記録した書物の中に、次のようなお話が出てきます。

太助さん（仮名）が道ばたでさいふを拾ったところ、中に3両という大金が入っていました。そこでこの人は、お金の入ったさいふをぶぎょう所にとどけ出ました。

ぶぎょう所で持ち主をさがしたところ、仁左衛門さん（仮名）のものとわかりましたが、仁左衛門さんは「落としたのは自分の不注意。拾われた方の元へ行く運命のお金だったのです」と言って、受け取らなかったそうです。

一方、さいふを拾った太助さんも「自分があせ水流してかせいだお金ではないので、とても受け取ることはできない」と言って、こちらも受け取ろうとはしません。

そのとき、ぶぎょうの板倉勝重がよいアイデアを思いつきます。

太助さんがとどけ出た3両に、新たに3両をくわえて6両にし、太助さんにはさいふをとどけたほうびとして2両を、仁左衛門さんには自分の不注意だからと受け取らないいさぎよさに2両を、そして自分も2両を受け取り、「これで3人とも公平に2両ずつとくをした。これを機会に、何かこまったことがあったら、いつでも相談に来なさい」と言って、太助さんと仁左衛門さんをなか直りさせたそうです。

　所かわって、こちらでもにたようなことが起こっているようです。

角之進：お前たち、そんなに意地をはるものではないぞよ。

次　助：そうおっしゃられても、おさむらい様、いわれのないお金をもらうすじ合いはございませんぜ。

徳兵衛：何がいわれがないものか。お前様にさいふが拾われたということは、お前様のものになることが運命づけられていたということですよ。だから、すなおにもらってやってくれませんか。

次　助：もらえねぇものは、もらえねぇと言ってるんだ。

角之進：トホホ……。

実　丸：角之進さん、どうかしたの？

角之進：実丸くん、ちょうどよいところに。実は、カクカクシカジカ……。

実　丸：なるほど〜。正直者２人の意地のはり合いってことなんですね。

角之進：おー、さすが実丸くん。カクカクシカジカでわかってもらえたか。

実　丸：角之進さん、そんなところ、ツッコまなくっていいんですよ。それより、この２人のちゅうさいが大切なんでしょ。

角之進：すまん、すまん。つい……。

実　丸：ところでおさいふにはいくら入っていたの？

角之進：それが何と、３両もの大金じゃ。小ばんが３まいなので、２人で分けることもできず、それでこまっておるのよ。

実　丸：なるほど……。ところで、角之進さんは「三方二両とく」という話を聞いたことはない？

角之進：あの名ぶぎょうで有名な板倉様のお話のことかの？

実　丸：そう、その話。

角之進：とはいえ、せっしゃ、３両もの大金は持ち合わせておらぬぞ。せいぜい、１両じゃ。

実　丸：１両ね……。大じょうぶ、１両あればかい決できるよ。

　実丸くんはよいかい決方ほうを思いついたようです。みなさんはどうですか？

答えは125ページ。

□を使った式の文章題

答えは、別冊⑮ページ

つまずきをなくす説明

例題 1 文を読んで、下の □ にあてはまる言葉を【　】の中からえらんで、□ の中に書きましょう。

「公園に子どもが5人います。何人かがやってきたので、子どもは全部で8人になりました。」

【 はじめにいた子ども　やってきた子ども　全部 】

+	=

ポイント 「□を使った式」の考え方（1）

「□を使った式」の問題は、問題文を前からじゅんに「言葉の式」にしてときます。

考え方

はじめ5人いた

3人がやってきた

全部で8人になった

> 答え：　はじめにいた子ども + やってきた子ども = 全部

たしかめよう 1　文を読んで、下の □ にあてはまる言葉を【　】の中からえらんで、□ の中に書きましょう。

「お茶が9dL あります。今、何dL か飲んだので、のこりは7dL になりました。」

【 はじめにあったお茶　飲んだお茶　のこりのお茶 】

−	=

「お話」を前からじゅんに「言葉の式」にしていきましょう。

例題 2 公園に子どもが 5 人います。何人かがやってきたので、子ども
は全部で 8 人になりました。やってきた子どもは何人ですか。**わからない**
数を □ として、たし算の式に表し、□ にあてはまる数ももとめましょう。

ポイント 「□ を使った式」の考え方(2)

「言葉の式」から、わからない数を □ とした「□ を使った式」を作ります。

□ は、線分図などを利用してときます。

考え方

「はじめにいた子ども 5 人」＋「やってきた子ども □ 人」＝「全部で 8 人」

5 ＋ □ ＝ 8

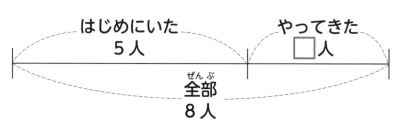

【式】

5 ＋ □ ＝ 8

8 － 5 ＝ □

□ ＝ 3

答え： **3 人**

たしかめよう 2 お茶が 9dL あります。今、何 dL か飲んだので、
のこりは 7dL になりました。飲んだお茶は何 dL ですか。**わからない**
数を □ として、ひき算の式に表し、□ にあてはまる数ももとめましょう。

【式】

9 － □ ＝ □

9 － □ ＝ □   □ ＝ □

答え： dL

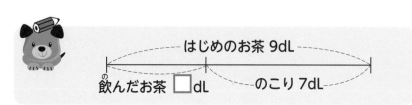

例題3 おだんごが１くしに何こかささっています。4くし分のおだんごのこ数は12こです。おだんごは１くしに何こささっていますか。**わからない数を□として、かけ算の式に表し、□にあてはまる数ももとめましょう。**

ポイント 「□を使った式」の考え方（3）

かけ算の式は、線分図やテープ図と数直線を組み合わせた図を利用します。

考え方

「１くしにささっているおだんごのこ数」×「くしの数」＝「全部のこ数」

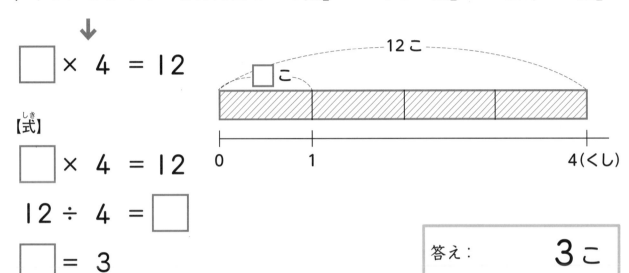

□ × 4 ＝ 12

【式】

□ × 4 ＝ 12

12 ÷ 4 ＝ □

□ ＝ 3

答え： 3こ

たしかめよう3 アメを１人に何こかずつ配ります。5人分のアメのこ数は15こです。１人分のアメは何こですか。わからない数を□として、かけ算の式に表し、□にあてはまる数ももとめましょう。

【式】

□ × 5 ＝ 15

15 ÷ 5 ＝ □　　□ ＝ □

答え： こ

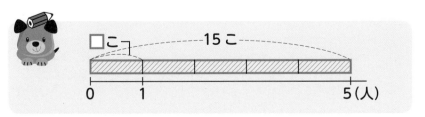

練習しよう

答えは、別冊⑮、⑯ページ

練習 1 次の文を読み、下の □ にはあてはまる言葉を、○ にはあてはまる記号を、【 】の中からえらんで書きましょう。ただし、使わないものもあります。

「花子さんは運動会の練習で、公園のまわりを走っています。きのう何しゅうか走り、今日 3 しゅう走ったので、2 日間の合計は 5 しゅうになりました。」

【 きのう走った数　今日走った数　2 日間の合計　＋　×　÷ 】

$$\boxed{} \bigcirc \boxed{} = \boxed{}$$

練習 2 次の文を読み、(ア) ～ (ウ) にあてはまる言葉を、下の □ の中からえらび、記号で答えましょう。ただし、使わないものもあります。

「バケツの中に水が 9L 入っています。花だんに何 L かの水をまき、植木に 4L の水をまくと、バケツの水がちょうどなくなりました。」

A　はじめにあった水 9L	D　花だんにまいた水 □L
B　花だんにまいた水 3L	E　のこった水
C　植木にまいた水 4L	

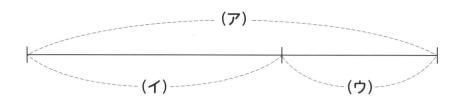

答え： (ア)　　　　(イ)　　　　(ウ)

練習3 次の文を読み、正しい言葉の式を（ア）〜（ウ）の中からえらび、記号で答えましょう。

「1箱におまんじゅうが8こ入っています。何箱か買うとおまんじゅうの合計が40こになりました。」

（ア） 1箱のおまんじゅう ＋ 買った箱の数 ＝ おまんじゅうの合計
（イ） 1箱のおまんじゅう － 買った箱の数 ＝ おまんじゅうの合計
（ウ） 1箱のおまんじゅう × 買った箱の数 ＝ おまんじゅうの合計

答え：

練習4 太郎さんはお金をお母さんから200円わたされてお使いに行き、□円のニンジンを1本買うと、のこりのお金が120円になりました。これについて、次の問いに答えましょう。

（1）次の□にあてはまる言葉を、【　　】の中からえらんで書きましょう。ただし、使わないものもあります。

【太郎さんのおこづかい　お母さんからわたされたお金
ニンジンの代金　ニンジンの本数　　のこったお金】

	－		＝	

（2）下の線分図を見て、□を使ったひき算の式を書きましょう。

お母さんからわたされたお金 200円

ニンジンの
代金 □円　　　のこったお金 120円

答え：

（3） ニンジンの代金は何円ですか。

【式と計算】

答え：

ジュースが 8dL あります。今、何dL か飲んだので、のこりは 6dL になりました。飲んだジュースは何dL ですか。わからない数を □ として、ひき算の式に表し、□ にあてはまる数ももとめましょう。

【式と計算】

答え：

ミカンを１人に何こかずつ配ります。６人分のミカンのこ数は 30 こです。１人分のミカンは何こですか。わからない数を □ として、かけ算の式に表し、□ にあてはまる数ももとめましょう。

【式と計算】

答え：

答えは、別冊⑯ページ

問題 1 おまんじゅうが 30 こあります。お母さんが 2 こ、お兄さんが 3 こ、お姉さんが何こか、葉子さんが 4 こ食べたので、のこりは 16 こになりました。わからない数を □ として、ひき算の式に表し、□ にあてはまる数ももとめましょう。

【式と計算】

答え：

問題 2 ケーキが 24 こあります。わからない数を □ として、次の（1）（2）のかけ算の式になる場面のお話を、それぞれ作りましょう。

（1）　4 × □ = 24

（2）　□ × 8 = 24

（1）

（2）

ぼうグラフ・表の文章題

答えは、別冊⑰ページ

つまずきをなくす説明

例題1

太郎さんのクラスですきな色調べをして、「正」の字を使って整理しました。次の問いに答えましょう。

赤	ピンク	むらさき	青	緑	黄
正	正正	一	正一	正丅	下

(1)「正」の字を数字に直して、右の表に書きましょう。

(2) すきな人が一番多い色は何色ですか。

(3) 右の表を見て「すきな人が一番少ない色は赤」という答えがまちがっている理由を書きましょう。

しゅるい	人数（人）
赤	4
ピンク	
青	
緑	
その他	
合計	

ポイント 「整理のしかた」

調べたけっかを表に整理するときは、「正の字」を使って数を調べ、それを数字に直して表にまとめます。数が少ないものは「その他」としてまとめることがあります。

答え： (1)（右の表） (2) ピンク
(3) その他には、赤よりも人数の少ない黄やむらさきがふくまれるから。

しゅるい	人数（人）
赤	4
ピンク	9
青	6
緑	7
その他	4
合計	30

たしかめよう1

行きたい外国を調べました。表に整理しましょう。

アメリカ　イギリス　フランス　オーストラリア　イギリス　アメリカ
アメリカ　イタリア　アメリカ　フランス　アメリカ　アメリカ

アメリカ	イギリス	フランス	オーストラリア	イタリア
正一				

しゅるい	人数（人）
アメリカ	6
イギリス	
フランス	
その他	
合計	

「正」は、数字の「5」を表します。

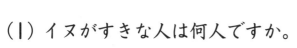 **例題2** すきな動物調べをして、そのけっかをぼうグラフにまとめました。次の問いに答えましょう。

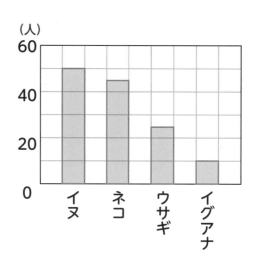

（1）イヌがすきな人は何人ですか。
（2）ネコがすきな人は何人ですか。

ポイント 「ぼうグラフ」の読み取り方

「ぼうグラフ」を読み取るときは、1目もりが表している大きさを先にもとめておきます。

考え方

たての目もりは、60人を6つに等分しているので、1目もりが表す大きさは10人です。ネコを表すぼうは、40と50の真ん中なので45人です。

答え： （1）**50**人　　（2）**45**人

たしかめよう2 すきなくだものを調べて、ぼうグラフにまとめました。イチゴがすきな人は何人ですか。

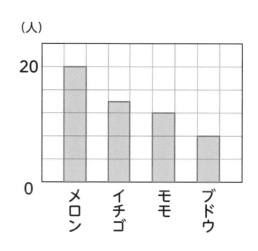

考え方

たての目もりは、20人を5つに等分しているので、1目もりが表す大きさは　　人です。

答え：　　　　人

 イチゴがすきな人は、3目もりと半分です。

新聞	A新聞	B新聞	C新聞	その他
人数(人)	12	8	5	11

例題3 次郎さんは、クラスで読まれている新聞を調べて表にまとめ、そのけっかの一部をぼうグラフに表しました。次の問いに答えましょう。

(1) グラフの1目もりが表している人数は、何人ですか。

(2) B新聞とその他をかき入れて、グラフをかんせいさせましょう。

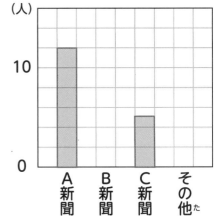

考え方

たての目もりは、10人を5つに等分しているので、1目もりが表す大きさは2人です。1人を表すときは、▨（1目もりの半分）のように表しましょう。

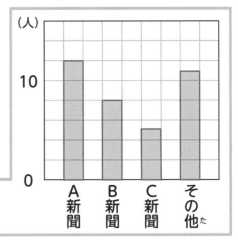

答え： (1) 2人　(2)（右のグラフ）

たしかめよう3 葉子さんは、家から歩いてかかる時間を、ぼうグラフにまとめました。次の問いに答えましょう。

(1) 公園まで何分かかりますか。

(2) 小学校まで何分かかりますか。

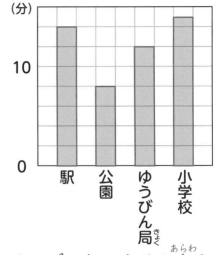

考え方

たての目もりは、 10 分を □ つに等分しているので、1目もりが表す大きさは □ 分、1目もりの半分が表す大きさは 1 分です。

答え： (1) 　分、(2) 　分

 1目もりの表す大きさが2分のときは、1目もりの半分が表す大きさも半分の1分になります。

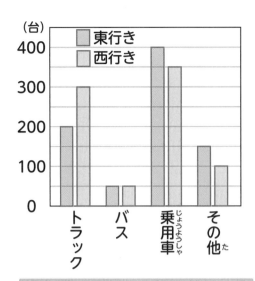

例題 4

花子さんは、ある交さ点を通る乗り物の数を調べてぼうグラフにまとめました。次の問いに答えましょう。

(1) グラフの１目もりが表している台数は、何台ですか。

(2) それぞれの合計がわかるグラフをかきましょう。

 考え方

たての目もりは、100 台を２つに等分しているので、１目もりが表す大きさは 50 台です。合計がわかるグラフをかくときは、それぞれの乗り物について、東行きと西行きの台数をたします。

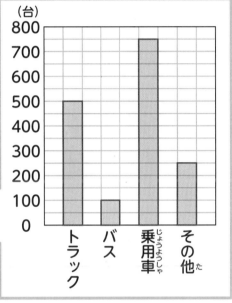

答え： （1）50 台　　（2）（右のグラフ）

たしかめよう 4

太郎さんは、３つの地区の小学生の人数をぼうグラフにまとめました。次の問いに答えましょう。

(1) かく地区の小学生の合計がわかるグラフをかきましょう。

(2) 小学生の人数がもっとも多い地区はどこの地区ですか。

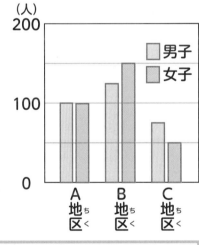

考え方

合計がわかるグラフをかくときは、それぞれの地区について、男子と女子の人数をたします。

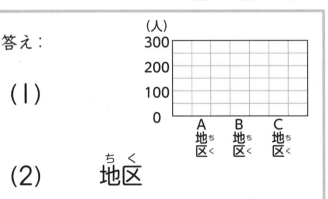

答え：

（1）

（2）　　地区

例題5 3年生の3クラスで、計算テストの点数を調べ、表にまとめました。表の（ア）～（ウ）にあてはまる数をもとめましょう。

テストの点数調べ（人）

	1組	2組	3組	合計
10点	15	18	10	（ア）
9点	（エ）	8	11	29
8点	4	（イ）	8	18
7～0点	1	0	2	3
合計	30	32	31	（ウ）

ポイント 「表」の読み取り方

「表」の「合計」にはたて1列分や横1行分のたし算の答えを書きます。このとき、「たての合計」と「横の合計」は同じになります。

考え方と式

	1組	2組	3組	合計
10点	15	18	10	（ア）
9点	（エ）	8	11	29
8点	4	（イ）	8	18
7～0点	1	0	2	3
合計	30	32	31	（ウ）

	1組	2組	3組	合計
10点	15	18	10	（ア）
9点	（エ）	8	11	29
8点	4	（イ）	8	18
7～0点	1	0	2	3
合計	30	32	31	（ウ）

（ア）15 + 18 + 10 = 43

（イ）18 − 4 − 8 = 6
　　（または 32 − 18 − 8 = 6）

（ウ）30 + 32 + 31 = 93
　　（または 43 + 29 + 18 + 3 = 93）

答え： （ア）**43**　（イ）**6**　（ウ）**93**

たしかめよう5 例題5 の表で、（エ）にあてはまる数をもとめましょう。

【式】 29 − □ − □ = □

答え：

30 − 15 − 4 − 1 でももとめることができます。

100

練習1 花子さんのクラスで、きゅう食の人気メニューを調べました。

調べたけっか

ハンバーグ	カレーライス	マーボーどうふ	ウィンナサンド
カレーライス	ハンバーグ	ナポリタン	マーボーどうふ
カレーライス	カレーライス	ハムカツ	ハンバーグ
ハンバーグ	ナポリタン	カレーライス	ウィンナサンド
ハンバーグ	カレーライス	ハムカツ	カレーライス
ハンバーグ	ナポリタン	カレーライス	カレーライス
ハンバーグ	マーボーどうふ	ハンバーグ	ナポリタン
ハンバーグ	カレーライス		

（1）「正」の字を使って、数を調べましょう。

ハンバーグ	カレーライス	マーボーどうふ	ウィンナサンド	ナポリタン	ハムカツ

（2）（1）の「正」の字を、数字に直して右の表に書きましょう。

（3）その他にはどんなメニューが入りますか。

答え：

しゅるい	人数（人）
ハンバーグ	
カレーライス	
ナポリタン	
その他	
合計	

（4）すきな人が一番多いメニューは何ですか。

答え：

（5）（2）の表を見て、「人気が一番少ないメニューはナポリタンです。」という意見があります。この意見がまちがっているわけを答えましょう。

答え：

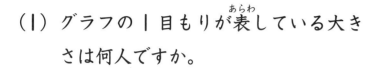

練習2 葉子さんのクラスで、住んでいる町を調べ、右のぼうグラフにまとめました。次の問いに答えましょう。

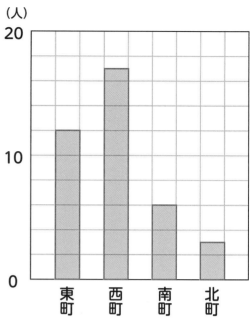

(1) グラフの1目もりが表している大きさは何人ですか。

答え：

(2) クラスで住んでいる人が一番多い町は何町ですか。また、それは何人ですか。

答え：

練習3 次郎さんは、第1回から第4回までの計算テストの点数を、ぼうグラフにまとめました。次の問いに答えましょう。

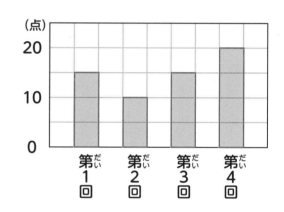

(1) グラフの1目もりが表している大きさは何点ですか。

答え：

(2) 点数が一番高かった計算テストは第何回の計算テストですか。また、それは何点ですか。

答え：

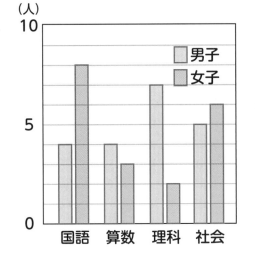

(人)

練習4 葉子さんのクラスで、すきな科目を調べてぼうグラフにまとめました。次の問いに答えましょう。

(1) それぞれの科目のすきな人数の合計がわかるグラフをかきましょう。

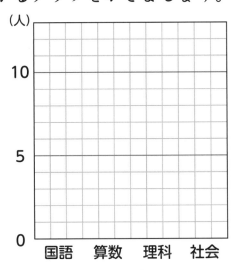

(人)

(2) もっともすきな人が多い科目は何ですか。

答え:

練習5 次郎さんのクラスで、かし出された本の数を調べ、表にまとめました。表の（ア）～（ウ）にあてはまる数を答えましょう。

かし出された本(さつ)

	6/1 ～ 6/10	6/11 ～ 6/20	6/21 ～ 6/30	合計
物語	5	8	6	（ア）
でん記	6	2	5	13
科学	2	（イ）	1	8
れきし	3	4	7	14
合計	16	19	19	（ウ）

【式と計算】

答え： （ア）　　　（イ）　　　（ウ）

チャレンジして
みよう

答えは、別冊⑱、⑲ページ

問題 1 太郎さんのクラスですきな動物を調べ、表にまとめました。イヌがすきな人は、ネコがすきな人より5人少なかったそうです。（ア）にあてはまる数をもとめましょう。

しゅるい	人数（人）
イヌ	（ア）
ネコ	（イ）
ウサギ	8
ハムスター	5
合計	40

【式と計算】

答え：

問題 2 3年生の3クラスですきなくだものを調べ、表にまとめました。（ア）～（カ）にあてはまる数を答えましょう。

（人）

	1組	2組	3組	合計
メロン	17	（ア）	14	（イ）
イチゴ	14	10	8	32
バナナ	（ウ）	2	4	（エ）
リンゴ	1	（オ）	6	11
合計	34	（カ）	32	92

【式と計算】

答え： （ア）　（イ）　（ウ）　（エ）　（オ）　（カ）

「植木算」の文章題

答えは、別冊⑲ページ

つまずきをなくす説明

例題1 校庭のかべにそって、50cm ごとにチューリップを 10 本植えました。1 本目から 10 本目まで何 cm ありますか。

ポイント 「間の数」の数え方（1）

はしからはしまで木や花を植えると、「間の数」は木や花の数よりも 1 小さくなります。

考え方

チューリップを 10 本植えると、「間（50cm）の数」は 1 つ小さい 9 つです。

| 1本目 | 2本目 | 3本目 | 4本目 | 5本目 | 6本目 | 7本目 | 8本目 | 9本目 | 10本目 |

50cm ① 50cm ② 50cm ③ 50cm ④ 50cm ⑤ 50cm ⑥ 50cm ⑦ 50cm ⑧ 50cm ⑨

【式】

$$10 - 1 = 9 \quad 50 \times 9 = 450$$

答え： **450cm**

たしかめよう① 道路にそって、5m ごとに木を 4 本植えました。1 本目から 4 本目まで何 m ありますか。

考え方と式

右の図のように、木と木の □ の数は、木の本数より □ 小さい 3 つです。

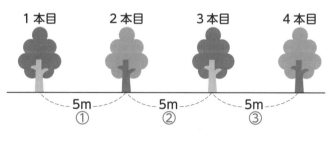

| 1本目 | 2本目 | 3本目 | 4本目 |

5m ① 5m ② 5m ③

$$\boxed{} \times 3 = \boxed{}$$

答え： m

例題2

2本の木の間にチューリップを5本植えます。木とチューリップの間は50cm、チューリップどうしの間も50cmです。木から木まで何cmありますか。

ポイント 「間の数」の数え方(2)

両方のはしにチューリップを植えないので、「間の数」はチューリップの数よりも１大きくなります。

考え方

チューリップを5本植えると、「間（50cm）の数」は１つ大きい6つです。

【式】

5 ＋ １ ＝ 6　50 × 6 ＝ 300

答え： **300cm**

たしかめよう② 2人の先生の間に子どもが3人立っています。先生と子どもの間は1m、子どもどうしの間も1mです。2人の先生の間は何mですか。

考え方と式

右の図のように、[　]の数は、子どもの人数より[　]大きい4つです。

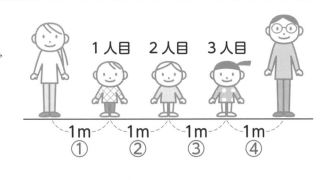

[　] × 4 ＝ [　]

 両はしは先生なので、「間の数＝子どもの人数＋1」です。

答え：[　　　　　]m

例題3 1m ごとに 5 人の子どもが輪になってならんでいます。輪の長さは何 m ですか。

ポイント 「間の数」の数え方 (3)

輪のようになると、「間の数」は子どもの数と同じになります。

考え方

5 人の子どもが輪になってならぶと、「間（1m）の数」は同じ 5 つです。

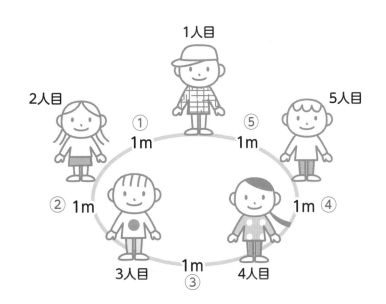

【式】

1 × 5 = 5

答え：　**5m**

たしかめよう3 円形の花だんのまわりに、6 本のくいを 1m ごとに立てました。花だんのまわりは何 m ですか。

考え方と式

右の図のように、□ の数は、

くいの数と同じ 6 つです。

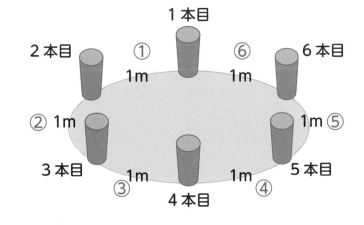

□ × 6 = □

 輪になると、「間の数＝くいの本数」です。

答え：　　　　m

練習 1 右のように、ひまわりを50cmごとに5本植えました。1本目から5本目までは何cmありますか。

| 1本目 | 2本目 | 3本目 | 4本目 | 5本目 |

50cm

【式と計算】

答え：

練習 2 右のように、信号機と信号機の間に3本の木が5mごとにならんでいます。2つの信号機の間は何mありますか。

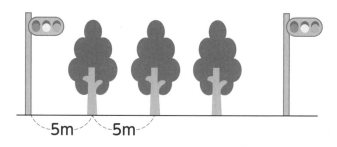

5m　5m

【式と計算】

答え：

練習 3 右のように、池のまわりに6本の木が10mごとに立っています。この池のまわりの長さは何mですか。

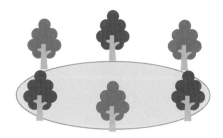

【式と計算】

答え：

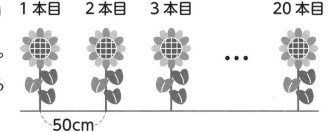

練習4

右のように、ひまわりを 50cm ごとに 20 本植えました。1 本目から 20 本目までは何 cm ありますか。

【式と計算】

答え：

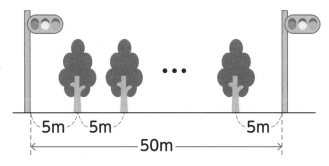

練習5

右のように、50m はなれた信号機と信号機の間に何本かの木が 5m ごとにならんでいます。木は何本ありますか。

【式と計算】

答え：

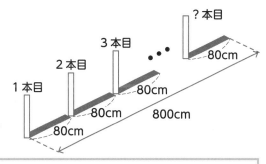

練習6

右の図のように、ぼうのかげの先たんとぼうのいちが重なるように何本かのぼうを立てました。ぼうは全部で何本ありますか。

【式と計算】

答え：

答えは、別冊⑲、⑳ページ

問題 1 100m ある道路の両がわに、10m ごとに木をはしからはしまで植えます。木は全部で何本ひつようですか。

【式と計算】

答え：

問題 2 10本の木を 5m ごとに 1 列に植えます。木と木の間にはチューリップを、木とチューリップの間は 1m、チューリップとチューリップの間も 1m にして植えます。チューリップは全部で何本ひつようですか。

【式と計算】

答え：

「角之進さんを助けてあげよう5」～一番重いのは？～

みなさんは、長さや重さにほうりつがあると聞くとビックリしますか？
日本には「計量法」という、長さや重さなどについてのほうりつがあります。
「何のために？」

たとえば、東京で売られている1mのまきじゃくと、大阪で売られている1mの
まきじゃくの長さが、もし同じでなかったら、大へんなことになります。50mきょ
う走をしてもその長さが同じでなくなりますから、「だれが一番速いとかおそい」と
いったこともわからなくなってしまうのです。

東京 50m

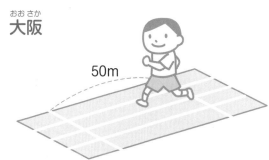

大阪 50m

また、日本国内だけで1mの長さを決めたとしても、アメリカの1mと日本の
1mの長さが同じでないと、オリンピックもできません。

そこで、世界中の1mが同じ長さになるよう、世界にたった30本だけ「メート
ル原器」という1mの長さをはかり取った
「金ぞくのぼう」が作られました。そのうち
の1本を「国さいメートル原器」とし、の
こりが世界の国々にわたされ、日本には
1890年にとどきました。

メートル原器
(国立研究開発法人 産業技術総合研究所　提供)

げんざいは、より正かくにするため、光の速さをもとに1mの長さを決めています。
また、重さについては世界に1つだけ、「国さいキログラム原器」がフランスでほ
かんされています。日本にはそのコピーが、メートル原器と同じ、1890年にとど
けられました。(げんざいは新しいきじゅんに代わっています。)

そんな重さのことで、なにやら角之進さんがなやんでいるようです。

角之進：う～ん……。

実　丸：こんにちは、角之進さん。むずかしい顔をして、どうかしたの？

角之進：こんにちは、実丸くん。いや、実はな、とのより宿題が出ておっての。

実　丸：宿題？　大人なのに？

角之進：まぁ、宿題というか、仕事じゃの。

実　丸：なんだ、お仕事か。じゃあ、がんばってね。

角之進：待った、待った。

実　丸：何？

角之進：それがこの仕事、せっしゃの手には少しあまるようじゃ。少しちえをかし
　　　　てもらえんかの？

実　丸：宿題をてつだってもらうのは、少しズルくない？

角之進：それはそうなんじゃが、全くわからんので、
　　　　せめてヒントだけでも何とか……。これ、
　　　　このとおり、おねがいじゃ。

実　丸：わかりましたよ。で、どんな宿題なの？

角之進：これじゃよ。

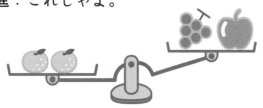 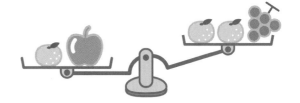

角之進：この絵だけで重さが一番軽いくだものを当てよとのおおせなのじゃ。

実　丸：ふ～ん。これだけでね……。

角之進：どうじゃな？

実　丸：そうだね、右の絵をよく見ると、左右の皿にミカンがあるから、1こずつ
　　　　取ってみると……。ほら、一番重たいくだものが何かわかるよね。それか
　　　　ら……。あっ、いけない。母上にお使いをたのまれていたのをわすれてた。
　　　　じゃ、あとは一人でがんばってね！

角之進：えっ、そんなせっしょうな。もう少しヒントを。おーい、実丸く～ん！

実丸くんに代わって、みなさんが角之進さんにヒントをあげてくださいね。

答えは126ページ。

3年生のまとめ

答えは、別冊⑳〜㉒ページ

1 太郎さんはスーパーマーケットで186円のとうふを1丁と253円のネギを1わ買いました。代金は合わせて何円ですか。

【式と計算】

答え：

2 花子さんの身長は132cm、葉子さんの身長は121cm です。花子さんは葉子さんより何cm せが高いですか。

【式と計算】

答え：

3 次郎さんは、1ふくろ10こ入りのモナカを3ふくろと、1ふくろ5こ入りのモナカを3ふくろ買いました。モナカは全部で何こありますか。

【式と計算】

答え：

4 桃子さんは、1 ふくろ 15 こ入りのミカンを 3 ふくろ買いました。ミカンは全部で何こありますか。

【式と計算】

答え：

5 三郎さんはゲームを 10 回しました。けっかは、10 点が 2 回、7 点が 3 回、3 点が 4 回、0 点が 1 回でした。三郎さんのとく点は全部で何点ですか。

【式と計算】

答え：

6 午前 8 時 15 分から午前 8 時 42 分までの時間は何分ですか。

【式と計算】

答え：

7 太郎さんは家を午前7時50分に出て、15分で駅に着きました。駅に着いた時こくは午前何時何分ですか。

【式と計算】

答え：

8 右の図で、家から学校までの道のりは何mですか。

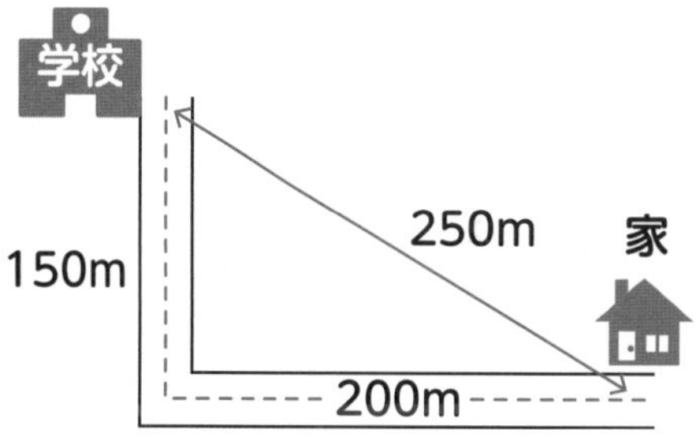

150m 250m 家
200m

【式と計算】

答え：

9 おまんじゅうが32こあります。1人に4こずつ配ると、何人に配ることができますか。

【式と計算】

答え：

10 クッキーが 36 まいあります。同じ数ずつ 9 人に配ると、1 人分は何まいになりますか。

【式と計算】

答え：

11 シュークリームが 18 こあります。同じ数ずつ 18 人で分けると、1 人分は何こになりますか。

【式と計算】

答え：

12 長さ 75cm の紙テープがあります。できるだけ多く 8cm ずつに切り分けると、8cm の紙テープが何まいできますか。また、何 cm あまりますか。

【式と計算】

答え：

13 20人の子どもが長いすにすわります。1きゃくに3人まですわることができるとき、長いすは、少なくとも何きゃくひつようですか。

【式と計算】

答え：

14 39このミニカステラを1ふくろに7こずつつめた商品を売ります。商品は何ふくろできますか。

【式と計算】

答え：

15 右の図の（ア）の長さは何cmですか。

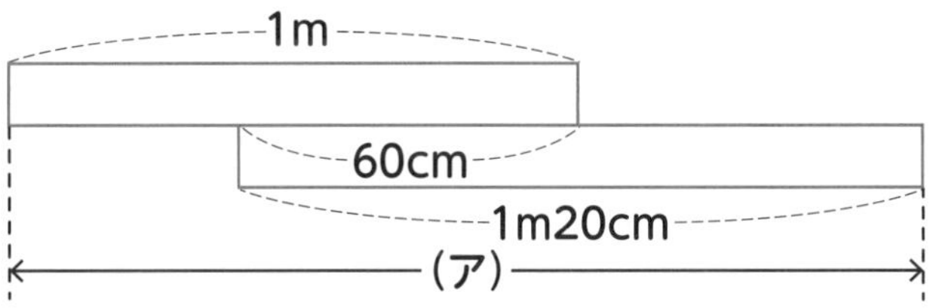

【式と計算】

答え：

16 ぼうしをかぶった子どもが12人、メガネをかけた子どもが5人います。そのうち、ぼうしをかぶってメガネもかけた子どもが3人います。子どもは全部で何人ですか。

【式と計算】

答え：

17 白いシャツを着た子どもが20人います。赤いシャツを着た子どもの人数は、白いシャツを着た子どもの3倍です。赤いシャツを着た子どもは何人いますか。

【式と計算】

答え：

18 公園に男の子が28人、女の子が7人います。男の子の人数は、女の子の人数の何倍ですか。

【式と計算】

答え：

19 1本60円のえん筆が4本セットの商品があります。この商品を25こ買うと代金は全部で何円ですか。

【式と計算】

答え:

20 水が0.6L入っている入れ物に、水を0.7L注ぎこみました。入れ物に入っている水は、全部で何Lですか。

【式と計算】

答え:

21 長さ1.4mの紙テープから、0.8mを切って使いました。のこりの長さは何mですか。

【式と計算】

答え:

22 右の図の □ にあてはまる数をもとめましょう。

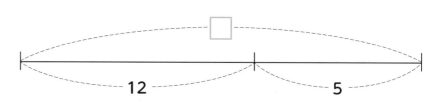

【式と計算】

答え：

23 右の図の □ にあてはまる数をもとめましょう。

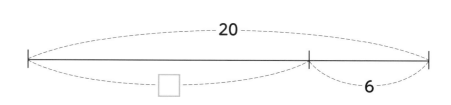

【式と計算】

答え：

24 右の図は、1kgまではかることのできるはかりの一部をかく大したものです。はかりの指している重さを答えましょう。

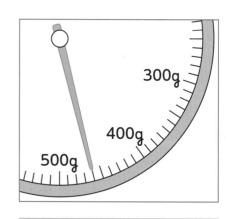

答え：

25 太郎さんの体重は 32.1kg、二郎さんの体重は 29.5kg です。太郎さんは二郎さんより何 kg 何 g 重いですか。

【式と計算】

答え：

26 花子さんは、長さ 1m のリボンを 5 等分した 3 つ分の長さのリボンを持っています。葉子さんは、長さ 1m のリボンを 5 等分した 1 つ分の長さのリボンを持っています。2 人のリボンの長さの合計は何 m ですか。分数で答えましょう。

【式と計算】

答え：

27 入れ物にペンキが 1L 入っています。$\frac{2}{3}$ L 使うと、のこりは何 L になりますか。

【式と計算】

答え：

28 太郎さんはアメを 8 こ持っています。お母さんに何こかもらったので、アメは全部で 14 こになりました。もらったアメは何こですか。わからない数を □ として、たし算の式に表し、□ にあてはまる数ももとめましょう。

【式と計算】

答え：

29 ポットにお茶が何 dL か入っていました。花子さんが 2dL 飲んだので、5dL のこりました。ポットにお茶は何 dL 入っていましたか。わからない数を □ として、ひき算の式に表し、□ にあてはまる数ももとめましょう。

【式と計算】

答え：

30 同じ数ずつおかしが入ったふくろを 4 つ買うと、おかしは全部で 20 こになりました。1 ふくろに入っているおかしは何こですか。わからない数を □ として、かけ算の式に表し、□ にあてはまる数ももとめましょう。

【式と計算】

答え：

31 右のぼうグラフは何円を表していますか。

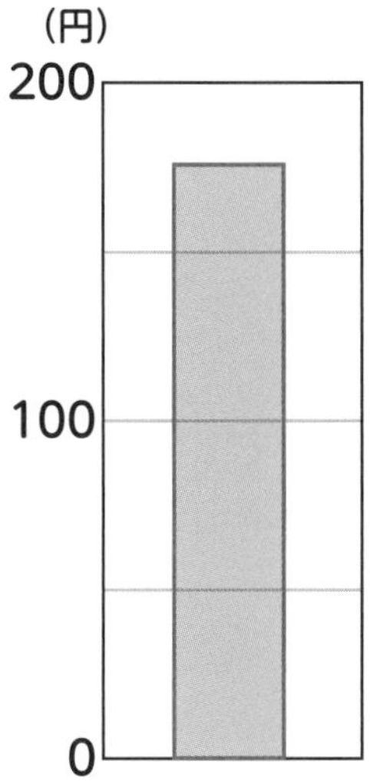

【式と計算】

答え:

(円)
200

100

0

32 右の表はゲームのとく点けっかを表していますが、まだかんせいしていません。表の（ア）にあてはまる数をもとめましょう。

とく点した人数（人）

	Aチーム(人)	Bチーム(人)	合計(人)
10点の人数	5	4	
8点の人数	2	4	
5点の人数	3	2	
合計(人)			（ア）

【式と計算】

答え:

33 まっすぐな道路のかたがわにそって、10m ごとに木が立っています。1本目の木から6本目の木までは何m ありますか。

【式と計算】

答え:

34 公園に 2 本の木が立っています。その間に 10 本のチューリップを、間の長さが同じになるように植えると、木とチューリップの間、チューリップとチューリップの間は 30cm になりました。2 本の木の間は何 m ですか。

【式と計算】

答え:

35 丸い形の花だんのまわりに、間の長さを 1m にしてくいを打つと、くいが 10 本立ちました。花だんのまわりの長さは何 m ですか。

【式と計算】

答え:

コラムの答え

コラム①

答え

```
    1 9
+   1 9
─────────
    3 8
```

コラム②

答え　キジ 39 羽　ウサギ 11 羽

解説　122 − 100 = 22　　4 − 2 = 2　　22 ÷ 2 = 11
　　　50 − 11 = 39

コラム③

解答例

「(食事代が) 3 人合わせて 1050 文」という部分がまちがいです。線分図のように、3 人分の食事代は 1000 文、女中さんへのお礼が 50 文ですから、しはらうお金の合計は 1050 文、はじめに 1200 文わたしてあるので、おつりが 150 文となり、お店のご主人が 100 文をごまかしたわけではありません。

コラム④

解答例

角之進さんが持っている 1 両を、落とし物のおさいふに入っていた 3 両とたし合わせると 4 両になります。この 4 両を、次助さんと徳兵衛さんに 2 両ずつわたせば、次助さんは 3 両もらえるところが 2 両に、徳兵衛さんは 3 両返してもらえるところが 2 両に、角之進さんは自分から 1 両をさし出したので、3 人のだれもが「公平」に 1 両ずつそんをしたことになります。なお、この「三方一両ぞん」という話は、「大岡さばき」の 1 つとして、落語やこう談でえんじられています。

答え　ブドウ

解説

図１（問題の右図）からミカンを１こずつ取り去ってもつり合いはかわりませんから、リンゴ１この重さがミカン１ことブドウ１ふさの重さよりも重たいことがわかります。（図２）

図２の左右の皿に、ブドウを１ふさずつのせてもつり合いはかわりませんから、ブドウ１ふさとリンゴ１この重さは、ミカン１ことブドウ２ふさの重さよりも重いことがわかります。（図３）

図３と図４（問題の左図）をくらべると、ミカン２この重さがミカン１ことブドウ２ふさの重さよりも重いことがわかります（図５）ので、ミカン１この重さはブドウ２ふさの重さより重く（図６）、一番軽いくだものはブドウとわかります。

図１

図２

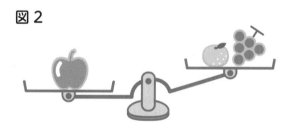

図３

図４

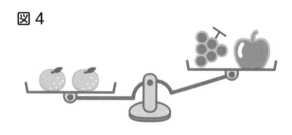

図５

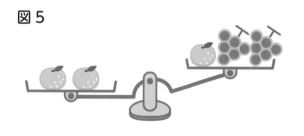

図６

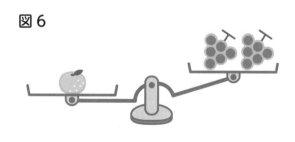

西村則康(にしむら　のりやす)
名門指導会代表　塾ソムリエ
教育・学習指導に40年以上の経験を持つ。現在は難関私立中学・高校受験のカリスマ家庭教師であり、プロ家庭教師集団である名門指導会を主宰。「鉛筆の持ち方で成績が上がる」「勉強は勉強部屋でなくリビングで」「リビングはいつも適度に散らかしておけ」などユニークな教育法を書籍・テレビ・ラジオなどで発信中。フジテレビをはじめ、テレビ出演多数。
著書に、「つまずきをなくす算数・計算」シリーズ（全7冊）、「つまずきをなくす算数・図形」シリーズ（全3冊）、「つまずきをなくす算数・文章題」シリーズ（全6冊）、「つまずきをなくす算数・全分野基礎からていねいに」シリーズ（全2冊）のほか、『自分から勉強する子の育て方』『勉強ができる子になる「1日10分」家庭の習慣』『中学受験の常識 ウソ？ホント？』（以上、実務教育出版）などがある。

追加問題や楽しい算数情報をお知らせする『西村則康算数くらぶ』のご案内はこちら ➡

執筆協力／前田昌宏、辻義夫（中学受験情報局　主任相談員）、高野健一（名門指導会算数科主任）

装丁／西垂水敦（krran）
本文デザイン・DTP／新田由起子（ムーブ）・草水美鶴
本文イラスト／撫子凛
制作協力／加藤彩

つまずきをなくす
小3　算数　文章題　【改訂版】

2020年11月10日　初版第1刷発行
2022年10月10日　初版第2刷発行

著　者　西村則康
発行者　小山隆之
発行所　株式会社 実務教育出版
　　　　163-8671　東京都新宿区新宿 1-1-12
　　　　電話　03-3355-1812（編集）　03-3355-1951（販売）
　　　　振替　00160-0-78270

印刷／壮光舎印刷　製本／東京美術紙工

つまずきをなくす
小1・2・3 算数 平面図形
【身近な図形・三角形・四角形・円】

西村則康【著】
ISBN978-4-7889-1132-1

本書は、次のことを目的に作りました。①今すぐに、小学校のテストの成績を上げること②小学校高学年、中学生、高校生の図形学習につながる図形の感覚を十分に身につけること。お子さんが自学自習できるように編集していますが、ところどころにおうちの方へのメッセージを入れました。子どもがつまずきやすい箇所や作業に戸惑いやすい箇所ですので、おうちの方の励ましやアドバイスが大切になります。少しずつ上手になっていく様子をとらえて、ほめたり喜んであげてください。図形好きに育つポイントです。

つまずきをなくす
小4・5・6 算数 立体図形
【立方体・直方体・角柱・円柱】

西村則康【著】
ISBN978-4-7889-1138-3

本書は、次のことに留意して作成しています。①小学校で習う立体図形の性質は、発展学習を含んで、もれなく入れること②子どもが一見して理解できる図で表現すること③必要な図に関する言葉は、もれなく、しかもくり返すこと④経験値を高めるための付録をつけること、以上の4点です。
立体図形の問題は、子ども達には未知なことが多く、難しいと感じやすいものです。そのために、むりなくり返し学習や丸暗記学習を強制しがちです。そうなる前に、本書にじっくりと丁寧に取り組んでみてください。

実務教育出版の本